KB164909

알고 보면 반할 지도

박물관 큐레이터가 들려주는
신비로운 고지도 이야기

알고 보면 반할 지도

초판 1쇄 발행 2021년 11월 30일
초판 2쇄 발행 2022년 7월 15일

지은이 | 정대영
펴낸곳 | (주)태학사
등록 | 제406-2020-000008호
주소 | 경기도 파주시 광인사길 217
전화 | 031-955-7580
전송 | 031-955-0910
전자우편 | thspub@daum.net
홈페이지 | www.thaehaksa.com

편집 | 조윤형 여미숙 김선정
디자인 | 한지아
마케팅 | 김일신
경영지원 | 김영지
인쇄·제책 | 영신사

값 16,000원

ISBN 979-11-6810-033-6 03980

책임편집 | 조윤형
북디자인 | 이윤경

이 도서는 한국출판문화산업진흥원의 '2021년 우수출판콘텐츠 제작 지원' 사업 선정작입니다.

박물관 큐레이터가 들려주는
신비로운 고지도 이야기

알고 보면 반할 지도

정대영 지음

태학사

"내가 멀리 볼 수 있었던 것은 거인의 어깨 위에 있었기 때문이다."

아이작 뉴턴이 한 이 말이 머리말을 쓰는 지금에 와서 더 와닿는 까닭은 무엇일까요. 이 책은 고지도에 관한 몇 편의 짧은 에세이를 모은 것입니다. 처음 최선웅 선생님께 칼럼을 추천받았을 당시 떨리던 마음을 잊지 못합니다. 어려운 용어가 가득 찬 논문만 쓰던 제가 일반인을 대상으로 칼럼을 쓰는 과정이 쉽지만은 않았습니다. 옛말에 틀린 것이 없지요. 잘 아는 사람만이 쉽게 가르칠 수 있다 했던가요. 자꾸 어려운 말이 입가를 맴돌았습니다. 그렇게 하나씩 쌓인 40여 편의 칼럼 가운데 20편을 선별하여, 전체적으로 가다듬어 조심스레 세상에 내놓습니다.

고지도古地圖. 친숙하면서도 왠지 어려운 느낌이 드는 분야이지요. 한국에서 고지도를 연구하는 사람이 많으리라 생각하겠지만, 실제 연구자는 그리 많지 않습니다. 제가 활동하는 '한국고지도연구학회'만 하더라도 10여 년째 제가 가장 막내에 속하고 있는 형편이니까요.

사회는 4차 혁명과 무인화無人化 그리고 끝없는 기술 개발을 향해 나아가고 있지요. 하지만 저와 연구자들은 시간을 거슬러 연구를 해 갑니다. 그리고 작은 지도 한 장, 처음 보는 기록 한 줄에 기뻐하곤 하지요. 이 책은 고지도를 연구하는 사람으로서 일반 독자들에게 들려주고 싶은 다양한 지도 이야기를 다루고 있습니다. 고지도는 인문학의 영역이기에 고지도를 대할 때면 늘 '사람'을 생각하려 노력하는 중입니다. 여전히 풋내기 연구자이지만 천천히 나아가기를 희망해 봅니다.

고지도를 연구하면서 새삼 놀랐던 사실이 있었습니다. 사람들이 고지도에 대해 많은 관심을 가지고 있다는 것과 〈대동여지도〉를 제외한다면 정보가 그리 많지 않다는 사실이었지요. 이 책이 조금이나마 고지도에 대한 관심을 갖게 되는 데 보탬이 되기를 희망합니다. 저 역시 대학교 4학년 때 우연히 읽은 책 한 권을 계기로 고지도를 연구하게 된 것처럼, 그 누군가도 이 책을 통해 제가 느꼈던 울림을 공유하기를 기대해 봅니다.

첫머리에 썼던 '거인의 어깨'를 다시금 떠올립니다. 김정호, 정철조, 정상기, 그리고 이름조차 알지 못하는 수많은 지도 제작자들과 지금 이 시대를 살아가며 묵묵히 연구에 매진해 가는 사람들. 그러한 거인들이 있었기에 그들의 어깨에 올라 조금 더 멀리 볼 수 있게 된 것이겠지요. 저의 능력만으로는 불가능한 연구들이었을 것입니다. 앞선 위대한 거인들에게 감사와 존경을 표합니다.

그러고도 아직 감사의 인사는 부족할 뿐입니다. 저에게 처음 칼럼을 제안했던 최선웅 선생님. 언제나 선비처럼 공부하시는 모습에 오늘도 마음을 다잡게 됩니다. 월간 『사람과 산』의 고故 홍석하 사장님과 편집부 분들은 데드라인에 간신히 세이프하는 원고를 언제나 응원해 주셨습니다. 진심으로 그 답신의 글을 보며 힘이 났습니다. 그리고 〈천하도〉 사용을 허락해 주신 오길순 선생님. 재야에서 연구하시면서 어떠한 학자보다도 고지도를 진지하게 연구하고 사랑하는 자세에서 정말 많은 것을 배웠습니다. 지면을 빌려 감사드립니다. 함영대 선생님은 이 책의 출판을 저에게 제안해 주셨습니다. 인사동 뒷골목에서

호쾌하게 웃으시며 책 이야기를 함께 나눈 지 3년이나 지났네요. 그 글빚을 이제서야 갚게 되었습니다. 태학사의 조윤형 선생님은 코로나와 물리적 거리라는 저의 변명으로 직접 뵌 적이 없습니다. 하지만 한 줄 한 줄 교정하고 코멘트해 주신 그 꼼꼼한 편집을 저는 잊지 못할 것 같습니다. 이 책의 짜임새와 다듬어진 글은 전적으로 선생님의 덕이었습니다.

마지막으로 나의 아내 울리아와 딸 세아에게. 같은 학자이면서 친구이자 현명한 조언을 해 주는 당신의 배려 안에서 책이 나올 수 있었습니다. 귀여운 세아의 모습은 지칠 때도 다시금 책상에 앉도록 하는 힘이 되어 주었지요. 마음을 담아 이 책을 사랑하는 아내 울리아와 딸 세아에게 바칩니다.

2021년 11월

대구에서 정대영 씀

• 차례 •

2장

지도에 남은 '사람'의 흔적

3장

역사 속 '사연', 고지도로 읽기

어떤 '생각'으로 지도를 그렸을까

1장

세상의 중심은 어디인가, 〈천하도〉

세상은 바다로 둘러싸인 둥근 섬

지금으로부터 백여 년 전에 모리스 쿠랑Maurice Courant(1865~1935)이라는 프랑스 사람이 한국에 왔다. 한국을 누구보다 사랑했고 '한국학'이라는 단어가 완성되기 이전부터 한국을 연구했던 사람. 모든 일의 시작은 1890년 그가 한양의 주한 프랑스공사관에 근무하게 되면서 시작되었다. 상관이었던 초대 프랑스공사 콜랭 드 플랑시V. Collin de Plancy는 낯선 곳에서 적응에 힘들어하던 그를 위해 자신이 수집한 한국 고서古書들을 연구해 보는 게 어떻겠냐고 제안하게 된다. 반신반의하는 심정으로 시작했던 쿠랑은 시간이 지날수록 그 일에 빠져들었고, 마침내 3권으로 구성된, 수천 페이지에 달하는 한국 고서 해제집이자 한국에 관한 연구서인 『한국서지Bibliographie Coréenne』를

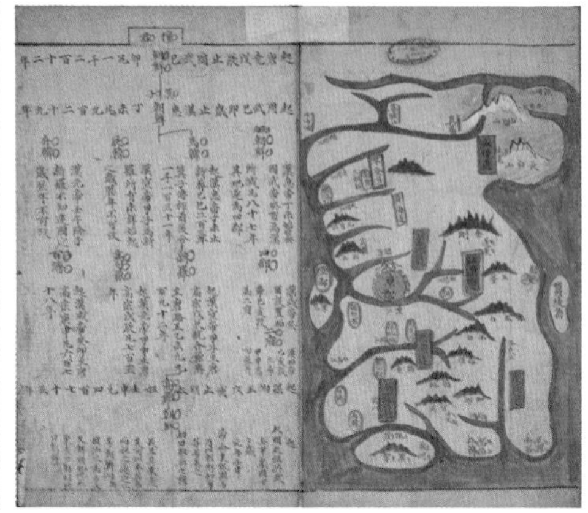

1. 〈천하제국도〉 표지와 내지. 18세기. 프랑스 '콜레주 드 프랑스' 소장.

완성하게 된다. 그리고 그 책에 수록된 대다수의 고서는 프랑스로 옮겨지게 되는데, 그 가운데는 우리가 잘 알고 있는 『직지直指』도 있었다. 당시 너무나 헐값으로 구입된 이 자료들에는 약소국의 설움이 묻어 있다.

2013년의 일이다. 나는 한국의 도서관에서 흑백 필름으로만 보던 한 장의 고지도古地圖를 보기 위해 프랑스로 향했다. 두 눈으로 총천연색의 자태를 확인해 보고 싶은 심정에서였다. 프랑스의 유서 깊은 교육기관인 콜레주 드 프랑스Collège de France를 찾아 그곳의 한국문고에서 지도첩 한 권을 확인할 수 있었다. 모리스 쿠랑이 죽기 전까지 소장하던 자료 가운데 하나인 〈천하제국도天下諸國圖〉라는 책자 형태의 지도첩이었다.(도판 1)

어떤 사람은 이런 물음을 던질지도 모르겠다. "그 정도의 지도는 한국에도 있으며 프랑스에는 자료적으로 더 귀한 고지도가 많은데, 당신은 왜 그 자료에 집착했습니까?" 처음 이 자료를 보던 날, 나 역시 하고많은 고지도 가운데 하나일 뿐이라고 생각했었다. 하지만 귀국하여 그 담박한 모습의 지도를 떠올릴수록 어떤 끌림을 느꼈고, 결국 파리에서 보았던 여러 지도 가운데 이 지도 하나만을 위해 논문을 쓰기에 이르렀다.

80쪽가량의 이 지도책은, 학자들의 용어를 빌리자면 '13장본 여지도輿地圖'라는 종류에 속하는 고지도첩이다. 왜 13장인지는 알 수 없으나, 1600년대 이후 조선 사람들은 자신이 사는 세상을 13장의 지도에 담아 표현하길 즐겼던 것 같다.

이 지도에는 당시 조선 사람들이 세상을 바라보는 시선이 오롯이 담겨 있다. 전체 구성은 세계지도인 천하도 1장, 중국 지도 1장, 일본 지도 1장, 유구(오키나와) 지도 1장, 조선 지도 1장, 그리고 조선 8도의 각 지도 8장으로, 총 13장이 한 세트로 되어 있다. 조선 후기의 어느 집안을 가도 어렵지 않게 발견되는 이 지도들에 대해서는 지금도 완전히 의문점이 해결된 것은 아니다. 우리 학자들은 이 자료의 외적인 특징을 알아내는 데에는 성공했지만, 왜 이러한 지도를 만들었는지에 대해서는 아직도 의견 합의에 이르지 못했기 때문이다.

13장의 지도 가운데 항상 가장 먼저 등장하는 세계지도인 일명 '천하도天下圖'(도판 2). 바로 이 지도를 시작으로 이야기를 풀어 가려 한다. 왜 그들은 세상을 바다로 둘러싸인 둥근 섬이라 생각했을까?

1970년 3월 14일 영국의 결정학結晶學 권위자이자 고지도 연구자

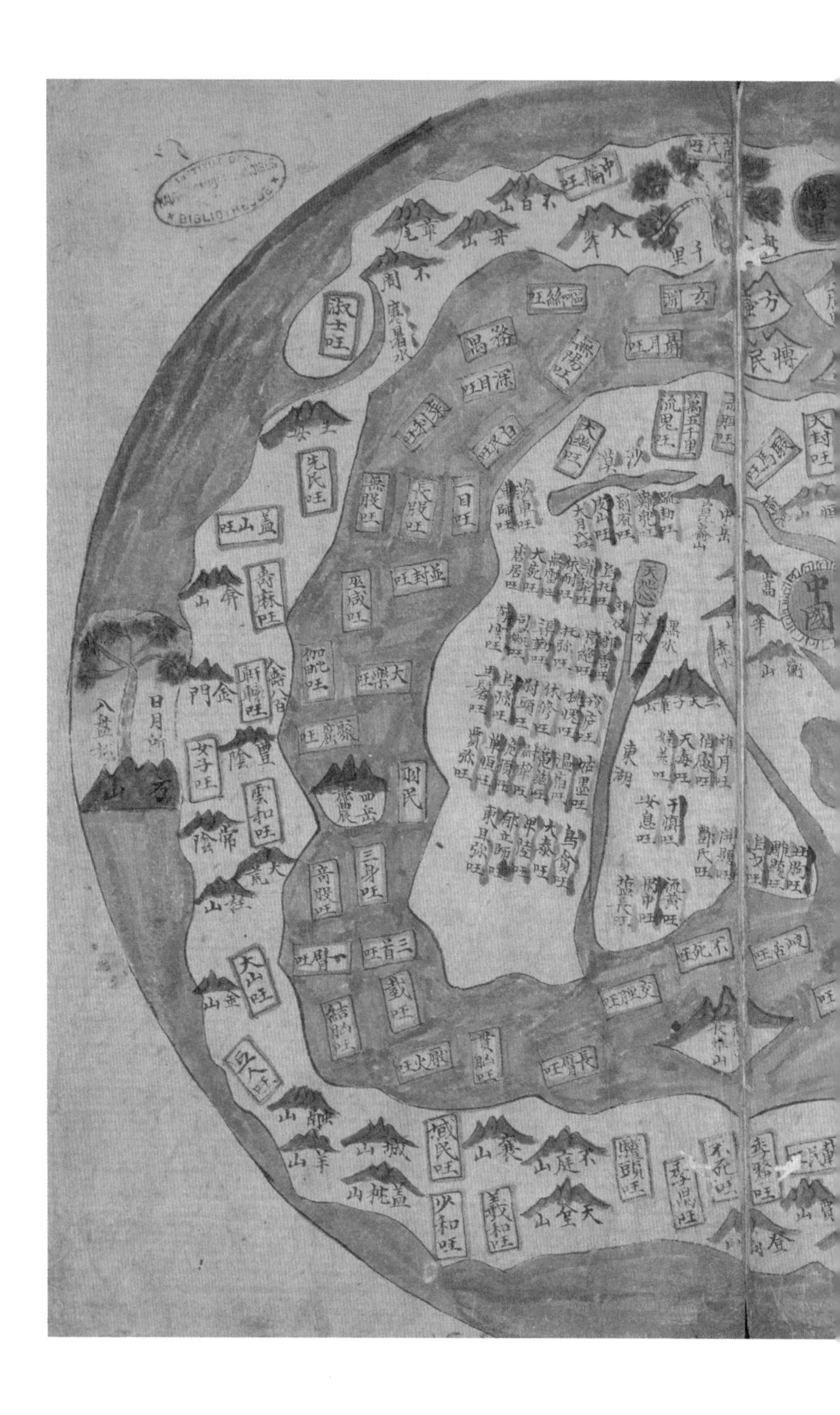
中國

2. 〈천하제국도〉에 수록돼 있는, 일명 〈천하도〉라 불리는 세계지도.
〈천하도〉는 유럽 선교사들의 세계지도가 조선에 들어와 17세기 이후 조선의 방식으로 변형된 세계지도이다. 안쪽에 내대륙과 내해, 바깥쪽에 고리처럼 세상을 둘러싼 외대륙과 외해, 그리고 좌우에 해가 뜨고 지는 곳을 상징하는 나무가 그려진 것이 특징이다. 수십 종의 다양한 버전이 존재하는데, 이를 통해 조선 후기 민간에서 이 지도가 널리 유행했음을 알 수 있다. 이 지도에는 조선, 일본, 중국, 유구(오키나와) 정도를 제외하고는 중국 고대 지리서 『산해경』에 등장하는 여인국, 거인국, 소인국 등 상상의 나라들로 채워져 있다.

인 앨런 매케이Allan L. Mackay 교수는 친구인 윌리엄 스킬렌드William E. Skillend 교수에게 보내는 편지에서 다음과 같이 말하고 있다.

이 지도(천하도)들은 내가 소장한 그 어떤 지도와도 다르네.

맥케이 교수가 이렇게 언급한 지도가 바로 천하도이다. 그 편지가 오간 시점을 전후로 전 세계 지도학자들은 동양의 작은 나라에서 발견된 신비한 고지도에 매료되기 시작했다. 여러 연구와 조사 끝에 천하도는 중국이나 일본에도 없으며, 오로지 한국에만 존재한 고유 지도인 것으로 밝혀졌다. 과연 이 지도에는 어떠한 내용이 담겨 있기에 이렇게 많은 사람의 관심을 끌게 되었을까.

'천하도天下圖' 혹은 '천하전도天下全圖'라고 불리는 지도는 임진왜란이 끝난 후 1600년대에 들어 나타나기 시작했다. 이 지도는 단순한 외형과는 다르게 참으로 많은 생각거리를 던져 주고 있다. 한 장의 지도만을 가지고도 두꺼운 책 한 권을 쓸 수 있을 만큼, 다양한 코드와 해석되지 않은 기호들이 숨어 있다. 이 지도가 보물지도는 아니지만, 내용적으로는 그 이상의 가치가 있기 때문이다.

처음 이 지도에 관심을 가진 것은 외국 학자들이었다. 특히 동아시아 지도를 연구하던 일본인 학자들은 일찍부터 호기심을 가지고 이 지도를 살펴보았는데, 그 이유는 이제껏 이러한 형태의 지도가 다른 나라에서는 보고된 바가 없었기 때문이다. 그들은 어떻게든 자신의 방식으로 이 지도를 이해하고자 했고, 그 과정에서 다양한 이야기와 해석들이 생겨났다. 먼저 '천하도'들을 일반화한 그림을 직접 보면서 더 깊은 곳으로 접근해 보자.(도판 3)

둥근 원형의 이 지도는 가장 내부에 그린 대륙, 그 외부에 그린 고리 형태의 또 다른 대륙, 그리고 각각의 안과 밖의 바다로 구성되어 있다. 자세히 보면, 가장 내부에 그린 대륙의 모습이 우리가 알고 있는 세계지도와 형태적으로 유사해 보이기도 한다. 그리고 그 땅에는 조선, 중국, 일본, 유구(오키나와)를 비롯해 실재하는 몇몇 아시아의 지명들이 확인된다.

하지만 중국에서 조금만 벗어나면 전혀 다른 상상의 나라들이 펼쳐진다. 눈이 하나인 사람들이 산다는 일목국一目國, 영원히 죽지 않는 불사국不死國, 작은 사람들이 사는 소인국小人國 등의 이름이 등장하는 것이다. 어떤 사람들은 이런 이상한 나라 이름이 중국 고대 문헌인 『산해경山海經』에 나온다는 근거를 들어 오래전에 사라졌던 고대 지도라고 주장하기도 했다. 그리고 한때는 그러한 주장이 설득력을 얻은 적도 있었다. 하지만 결론부터 말하자면, 천하도는 유럽의 세계지도가 조선에 유입되면서 '조선적'으로 변화된 결과물이었다.

이러한 결론이 나오기까지 오랜 시간에 걸쳐 학자들의 연구가 진행되었는데, 여기서는 학문적인 이야기보다는 이러한 일들이 조선에서 생겨난 속사정을 들여다보려 한다.

과연 그 당시에는 어떤 일이 있었던 걸까?

3. '천하도'의 일반적인 모습.

천하도는 서양 학자들에 의해 먼저 주목받기 시작했다. 처음에는 중국의 오래된 지도로 생각했었는데, 연구 결과 조선에만 존재했고, 임진왜란 이후인 17세기부터 제작된 것으로 추정하고 있다. 당시에는 이미 서양 선교사들이 중국에서 만든, 아프리카, 아메리카 대륙이 포함된 세계지도가 조선에 유입되었음에도 조선에서 이런 지도를 만든 데에는 여전히 많은 의문점이 남는다. 위의 지도는 고지도 연구자 오길순 선생이 원본 지도들을 전산화하여 2011년 제작한 것이다.

중국인들의 충격, 〈곤여만국전도〉

1602년, 중국에 있던 마테오 리치Matteo Ricci(1552~1610) 신부는 거대한 세계지도인 〈곤여만국전도坤輿萬國全圖〉를 제작한다.(도판 4) 이 지도에는 이미 아메리카 대륙을 점령하고 세계를 탐험한 유럽인들의 자신감이 담겨 있었다. 아직 오스트레일리아와 몇몇 지역이 빠져 있긴 했지만, 한눈에 보아도 지금의 세계지도와 크게 다른 모양이 아니다.

마테오 리치는 중국의 황제와 학자들에게 좋은 점수를 얻기 위해 지도를 제작하면서 세계의 중심에 중국을 배치했다. 물론 유럽에서 통용되던 원래의 세계지도에서는 유럽이 중심에 그려 있었음은 두말할 것도 없다. 하지만 이미 지구가 둥글다는 것이 입증된 상태에서 세계의 중심이라는 것은 있을 수 없는 이야기였다. 그래도 중국을 지도의 중심으로 두는 편이 중국인들에게는 위안이 될 수 있는 상황이었다.

중국은 오래전부터 그들이 세계의 중심이고 그 이외의 지역을 오랑캐로 분류하는 '화이華夷' 사상을 가지고 있었다. 중국이라는 이름 자체가 바로 '세계의 중심'이라는 뜻이 아니던가. 따라서 중국 이외의 지역에 대해 그들은 철저하게 무관심했고 무지했다. 다만 그들에게 통상적으로 조공을 바치는 조선이나 안남(베트남) 같은 나라들에 대해서는 어느 정도의 관심을 가지고 있었던 듯하다.

그렇기에 이 지도를 보았던 당시 중국인들의 충격은 상당했을 것으

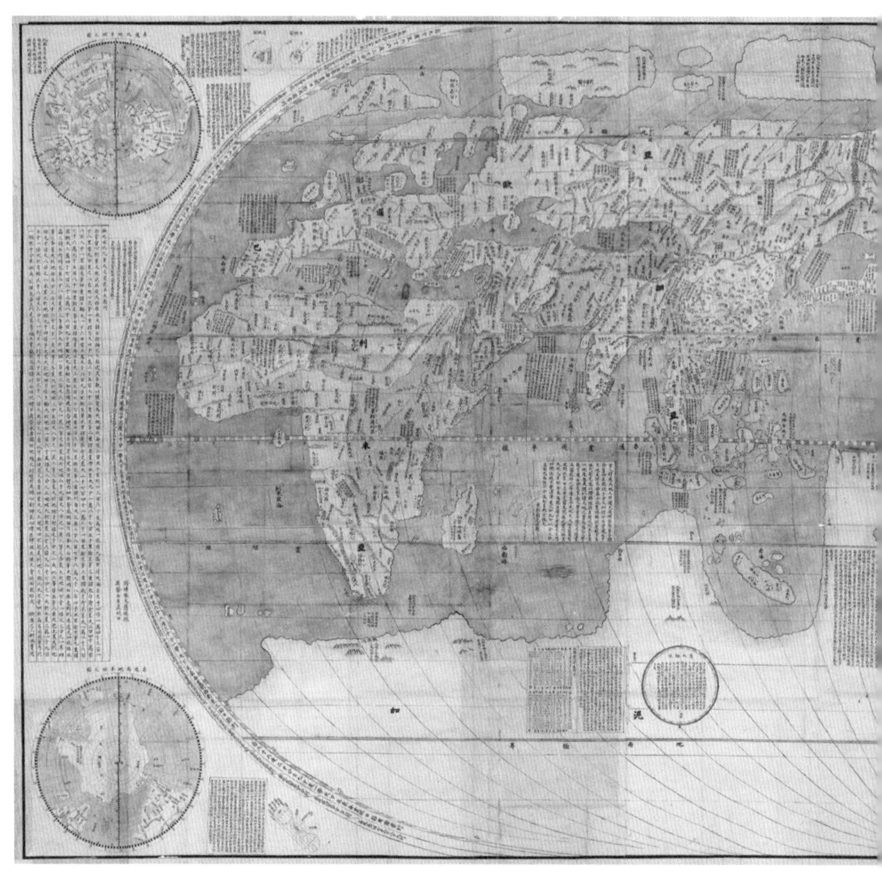

4. 마테오 리치가 제작한 〈곤여만국전도〉. 1602. 일본 도호쿠대학 도서관 소장.

명나라에 온 이탈리아 예수회 선교사 마테오 리치가 명나라 학자 이지조와 함께 제작한 지도로, 한자로 제작된 최초의 과학적인 세계지도이다. 오르텔리우스 도법을 사용하여 전 세계를 타원형으로 나타냈으며, 중국을 지도의 중앙에 놓고 북경을 경도 0도로 표기했다. 유럽, 아프리카, 아시아 등 5대주가 그려져 있고, 850여 개의 지명이 표기되어 있다. 각 지명에는 어떤 민족이 살고 있는지, 어떤 산물이 나는지 등의 지리 정보가 간단히 적혀 있다. 이 외에 세계지도 바깥쪽에 남반구와 북반구도 그려 넣는 등, 당시 서양 지리학과 지도학의 수준을 잘 보여 주는 지도이다.

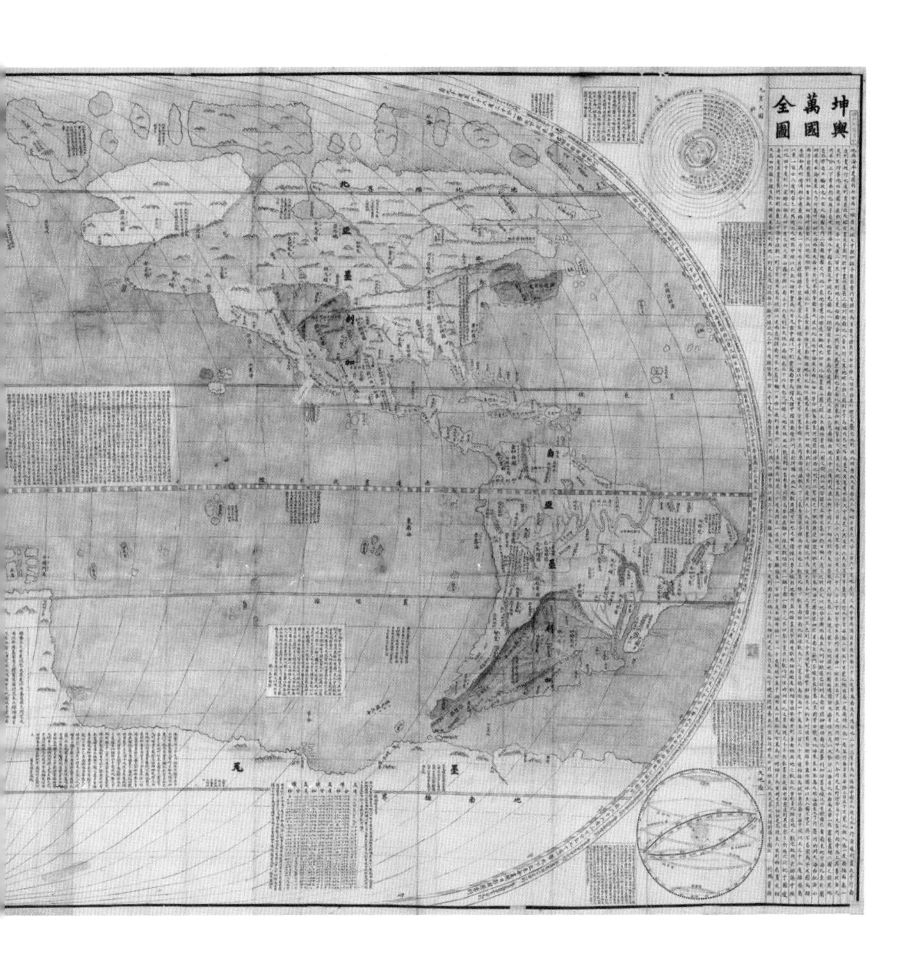
坤輿萬國全圖

로 짐작된다. 어떤 학자들은 중국의 각성을 요구하는 진보적인 성향을 보이기도 했지만, 대다수의 사람들은 이러한 서양의 지식을 부정하고 싶어 했다. 무엇보다도, 지도에서 중국이 너무 작았다. 그들이 생각하는 지상에서 중국이 그렇게 작을 리가 없었던 것이다.

당시 조선은 한 해에도 여러 차례 사신을 보내어 중국의 상황을 살피거나 정치, 외교적인 문제를 해결하려 노력했다. 그와 더불어 최신 학문 분야의 서적들을 입수해 오는 것도 이들의 몫이었는데, 그렇기에 〈곤여만국전도〉가 완성된 지 1년 만에 이광정李光庭과 권희權憘에 의해 조선에 유입되었다는 것도 놀랄 일은 아니었다.

이 지도의 등장은 중국과 마찬가지로 조선 학자들 사이에서도 상당한 충격으로 다가왔다. 제2의 중국이라 자처하던 조선에게 이 지도는 감당하기 벅찬 모습이어서, 현실을 부정하려는 모습마저 나타났다. 어떤 학자들은 새로운 세계관을 이해하려고 애쓰기도 했지만 대부분의 학자들은 도무지 저 이상한 나라들, 예를 들어 유럽이나 아프리카의 지명을 발음할 수도, 이해할 수도 없었다.

그렇게 시간이 지나갔고, 그사이 조선은 후일 청淸나라가 되는 후금後金의 침략을 두 번이나 받았으며, 결국 그들이 그토록 업신여겼던 오랑캐가 중국을 통일하는 것을 그저 바라보아야만 했다. 이후 조선은, 겉으로는 청나라를 따랐으나 속으로는 무시로 일관했던 것으로 보인다. 그러면서 점차 조선만이 사라진 명明나라를 이을 수 있는 '소중화小中華(작은 중국)'라고 생각하기 시작했다. 사회는 조선 전기에 비해 점차 보수화되어 갔으며, 유학도 애초의 정신에서 점차 변질되기 시작했다. 그러는 사이에 민간에서는 천하도가 유행하기 시작했다.

현재의 우리는 누가, 언제 이 지도를 만들었는지 정확히 알지 못한다. 다만 남아 있는 지도들을 분석, 연구한 결과 이 지도가 임진왜란 이후인 1600년대에 만들어진 것만은 확실하다는 사실을 알게 되었다. 아마 이 지도는 당시 서양의 세계지도를 보수적으로 바라보았던 지식인들에 의해 제작된 것 같다. 그들은 이해할 수도 없고 알 필요도 없는 이상한 나라의 이름 대신, 그들에게 친근했던 중국 서적에 있는 나라 이름들을 지도 안에 넣었다. 어차피 그 먼 나라들과는 서로 만나거나 가 볼 일도 없었기 때문이다. 그들은 유럽인들이 전 세계를 직접 탐험하고 측량하여 만든 지도가 바로 앞에 있었음에도 자신들만의 새로운 세상을 창조해 버렸다. 그리고 이 지도의 틀을 벗어나는 데 거의 2백 년이 걸렸던 것이다. 천하도 내부의 대륙이 실제 세계지도의 모습과 형태가 닮은 것은 이런 복잡한 사연 때문인 것으로 이해된다.

조선의 '천하도'와 유럽의 '마파 문디'

천하도를 보면서 여러 생각이 혼재하는 것은 어쩔 수 없는 노릇이다. 이 지도는 분명 조선에만 존재했고, 조선인이 만들었으며, 그들만이 사용했던 지도다. 이를 보면서 자랑스러워해야 하는 감정도 있지만, 왜 그렇게까지 시대에 뒤쳐진 자신들의 신념을 지키려 했

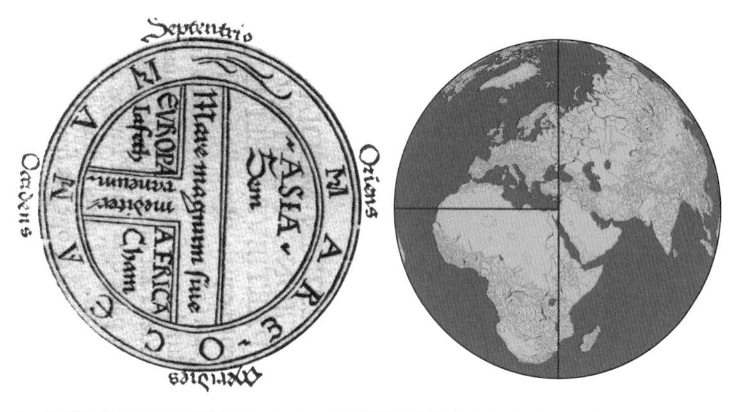

5. 유럽의 중세 시대에 유행했던 T-O 지도의 간략한 형태(왼쪽)와 지구본상의 위치(오른쪽).

는지 궁금해지기도 한다.

하지만 이러한 사례가 오직 조선에만 있었던 것은 아니다. 정교한 세계지도를 만들었던 유럽, 바로 그들 자신이 사용했던 '천하도'에 해당하는 지도가 존재한다. 이를 우리는 '마파 문디Mappa Mundi' 혹은 'T-O 지도'라 부른다.(도판 5)

사람은 누구나 자신이 보고 싶은 것만을 보려 하고, 이해하고 싶은 대로만 이해하려 든다. 이것은 좋다 나쁘다의 문제가 아니라, 인간의 신념이라는 것 자체가 그렇게 작동하게 되어 있기 때문일 것이다. 조선에서 천하도를 만든 이유가 유교와 중화 의식 때문이었다면, 서양의 천하도는 기독교 때문이었다.

위 왼쪽 그림은 'T-O 지도'의 가장 간략한 형태이다. 여기에서 점차 내용이 복잡다단해져 가지만, 큰 틀에서 변하지 않는 대전제가 있다. 즉 세상은 '유럽'과 '아프리카', 그리고 '그들이 아시아로 생각한

현 중동 지방'의 세 지역으로 이루어져 있으며, 세상의 중심에는 기독교의 성지인 예루살렘이 위치한다는 것이다. 그들에게 이러한 원칙은 결코 무너질 수 없는 것이었다. 유럽이 기독교에 의해 유지되는 사회인 이상 당연히 세상의 중심은 예루살렘이어야만 했다.

하지만 지구가 돈다는 사실이 밝혀지고, 세계 일주를 통해 지구가 둥글다는 사실이 증명되면서, '세상의 중심'이라는 것은 그 의미가 무색해져 버렸다. 그들은 대항해 시대와 아메리카 대륙의 침략 등을 통해 서서히 그러한 사실을 깨달아 갔다. 중세 기독교사회가 변화되는 순간이었다.

회광반조回光返照라는 말처럼, 촛불은 꺼지는 순간에 가장 아름답게 빛나는 법이다. 유럽인들이 그토록 유지하고자 했던 세상의 중심은 1450년대 말경 제작된, 2미터가 넘는 거대한 세계지도이자 위대한 유산인 〈프라 마우로 세계지도〉를 끝으로 사그라졌다.(도판 6) 1492년 콜럼버스가 아메리카 대륙에 착륙하면서 패러다임이 변해 버린 것이다.

이와 같은 시절을 겪었던 유럽이 약 150년 후에 중국에 전파한 세계지도가 〈곤여만국전도〉였다. 하지만 중국은 아직 변화를 받아들일 채비가 되어 있지 않았다. 그리고 명나라가 망하고 나서 스스로 문명의 정통을 자처하던 조선에게, 변화는 배신의 동의어로 오랫동안 치부되었다.

조선시대에 유명했던 문중이나 가문에 남겨진 문서와 서책들을 확인하다 보면, 천하도가 흔히 발견된다. 그만큼 이 지도는 널리 퍼져

6. 프라 마우로가 제작한 〈프라 마우로 세계지도〉. 1457~1459년경. 이탈리아 코레르박물관 소장.

중세 유럽 지도의 결정체로, 이탈리아의 지도 제작자이자 카말돌리 수도회 수사인 프라 마우로가 베네치아에서 제작했다. T-O 지도 양식으로 제작된 마지막 지도로, 원형 구도로 그려졌다. 마르코 폴로의 『동방견문록』, 프톨레마이오스의 세계지도, 〈포르톨라노 해도〉 등을 참조하여 만든 이 지도에는 아프리카 대륙을 비롯하여 인도, 중국, 일본, 인도네시아 자바섬까지 그려져 있다. 포르투갈의 항해왕 엔히크(또는 엔리케) 왕자는 이 지도를 보고 지중해를 거치지 않고 아프리카 남단을 통해 인도로 항해하는 것이 가능하다는 사실을 알게 되었다고 한다. 이 이미지는 북쪽이 위로 향하는 오늘날의 지도 모습에 맞게 원본 지도를 회전시킨 것이다.

있었으며, 그 내용 또한 제각각이어서 그 변주variation의 종류만큼이나 당시 사람들이 가졌던 지도에 대한 관심을 알 수 있다.

재미있는 사실은 극소수이지만 1900년대가 넘어서도 이러한 형태의 지도가 만들어졌다는 것인데, 이런 경우를 접하면 어떻게 해석해야 할지 당황스러워지는 게 사실이다. 천하도에 경위도선을 그려 넣거나 실제 유럽 국가의 이름을 써 넣는 경우도 확인된다. 하지만 여전히 지도의 형태는 중국 도교 신화에 등장하는 모습 그대로이다. 마치 오래된 화석처럼 말이다.

둥글넓적한 한반도, 〈동람도〉

막사발 같은 투박한 지도

조선시대에는 수많은 고지도가 존재했다. 그 가운데는 이제는 사라져 남아 있지 않은 것들도 있지만, 전국 각지 도서관이나 박물관에는 아직까지 수많은 고지도가 보관되어 있다. 몇천 점이 넘을 이 지도들에 대해 일반인들이 잘 모르는 것은, 아마도 김정호의 〈대동여지도〉 등 몇몇 유명 지도 외에는 소개조차 되지 않았기 때문이다.

여기 한 장의 지도를 소개한다. 바로 〈동람도東覽圖〉다.(도판 7) 그림으로 치자면 대중성에서는 민화와 같고, 도자기로 비유하자면 장터 주막에서 막걸리 잔으로 쓸 법한, 막사발에 가까운 거칠고 투박한 지도이다. 『장자莊子』라는 책에서 "못생긴 나무가 산을 지킨다."고 했던가. 이 서민적인 지도는 제작된 이후 오래도록 사람들과 함께해 왔

東覽圖
鴨綠江
平安道
清川江
平壤江
九津溺水
阿斯津
黃海道
西海
長山串
牛耳山
松岳山
五冠山
德津
三角山
紺岳山
白岳山
京都
京畿
喬桐
江華
木覓山
漢江
楊津
忠清道
熊津
鷄龍山
全羅道
錦城山
古群山島
黑山島
珍島
南海
濟州

7. 『신증동국여지승람』에 수록된 〈동람도〉 중 '팔도총도.' 1530. 서울대학교 규장각 한국학연구원 소장.

『신증동국여지승람』 맨 앞에 수록된 '팔도총도' 1장, 그리고 각 도의 설명 첫머리에 수록된 '도별도道別圖' 8장, 이렇게 총 9장의 지도를 〈동람도〉라 부르는데, 이는 책 가운데 판심에 표기된 이름을 따른 것이다. 목판본으로, 목판의 크기와 모양에 맞도록 그려졌다. 특히 '팔도총도'는 우리나라의 모양이 남북으로 압축되어 둥글넓적한데, 그 결과 압록강과 두만강이 거의 직선상에 있다.

다. 일반인들은 조선이라는 나라의 모양새를 이 지도를 통해 떠올렸는데, 그리 자세하지 않은 모습에도 얼추 갖출 건 모두 갖추고 있었던 지도다.

이 지도는 본래 책에 수록되어 있었다. 관련 학자가 아니더라도 한 번쯤 어디선가 이름을 들어 보았을 『동국여지승람東國輿地勝覽』이란 책의 부록이었다.

지리지와 지도

지리지地理志란 땅에 대한, 즉 지역에 관한 정보를 기록한 책이다. 어린 시절 「독도는 우리 땅」이라는 노래를 흥얼거리면서 무슨 뜻인지도 모른 채 "세종실록 지리지 50페이지 셋째 줄…"이라는 가사를 따라 부르던 기억이 떠오른다.

사람들에게 조선이라는 나라를 어떻게 생각하냐고 물으면, 붕당정치와 세도정치, 일제 강점으로 이어진 망국 등 부정적인 이야기들이 많이 나온다. 예전에 모 방송에서 진행한 설문조사에서도 다수의 사람들이 조선에 대해 좋지 않은 감정과 이미지를 가지고 있음을 보았던 기억이 있다.

하지만 조선이 처음부터 부정적인 모습만을 보였던 것은 아니다. 조선 초에는 세상을 이전(고려)과 다르게 변화시켜 보려는 여러 노력들이 있었다. 조선은 통치하는 모든 땅에 행정 관료를 파견했는데, 현재의 관점에서는 너무도 당연하게 생각되겠지만, 6백 년 전에는 세계적으로도 드문 선진적인 행정 시스템이었다. 이렇게 조선은 어떻게 해서든 지방을 직접 통치하고자 했고, 그러기 위해 각 지방에 대한 필수 정보를 파악하고자 했다. 그러한 이유에서 지리지가 작성되었던 것이다. 또 우리가 알고 있는 조선시대의 훌륭한 임금들은 대부분 새로 지리지를 만들어 지역의 실상을 정확하게 파악하려 했다는 것도 흥미로운 사실이다. 그러한 노력의 일환으로 세종대왕의 명에 의해 제작된 전국의 지리지는 『세종실록』「지리지」로 남게 되었다.

하지만 『세종실록』「지리지」는 아무나 볼 수 있는 것이 아니어서, 후대의 왕들은 좀 더 보편적이면서 조선의 문화를 드높일 수 있는 지리지 제작을 구상했다. 그 결과 1481년(성종 12) 탄생한 책이 바로 『동국여지승람』이다. 이 책이 이전의 지리지와 가장 다른 점은 각 지역마다 유명한 문장가의 시문詩文을 모아서 수록했다는 점이다. 사람들은 이 책을 통해 조선이라는 세상을 이해했고, 각 지역에 대한 시문들 또한 후대까지 오래도록 칭송되었다. 이 책은 중종 때인 1530년 최종적으로 개정판을 만들며 『신증동국여지승람』으로 이름이 바뀌었는데, 사람들은 여기에 실린 아홉 장의 지도에 주목했다. 앞에 수록한 '팔도총도'와 함께 8도의 각 도마다 한 장씩 여덟 장의 지도가 수록되어 있었던 것이다.

책의 부록으로 들어 있는 이 지도가 어설픈 모습이고, 실제의 조선과는 다르게 생겼다는 사실을 당시 사람들도 잘 알고 있었다. 왜 이렇게 납작하고 못생긴 모습으로 그려졌는지에 대해서는 여러 가지 해석

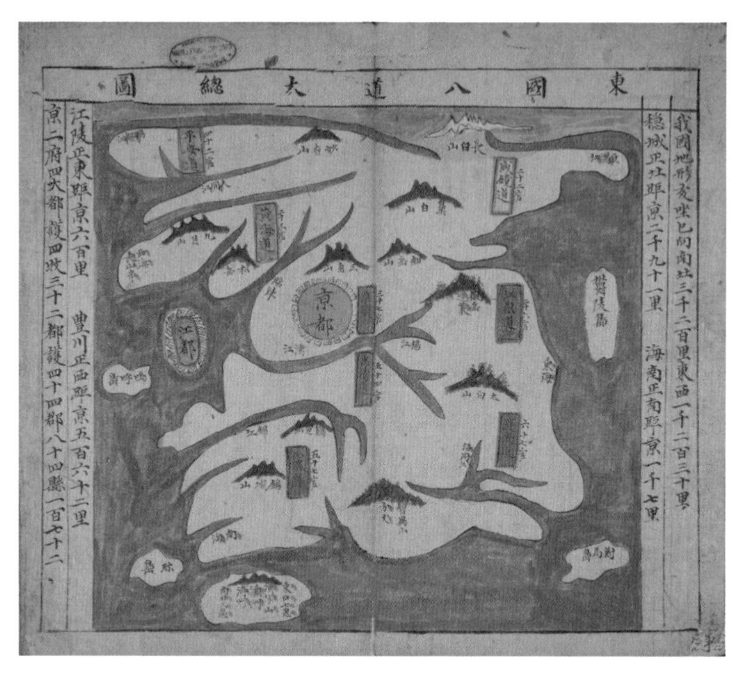

8. 〈천하제국도〉에 수록된 한반도 지도인 '동국팔도대총도'. 18세기. 프랑스 '콜레주 드 프랑스' 소장.

과 분석이 있겠지만, 사람들에게 강한 인상을 남겼다는 것만은 분명해 보인다.

우리 선조들은 책을 제작하여 편집할 때 종이 한 장을 반으로 접어서 앞뒤 페이지로 사용했다. 전문적인 용어로 종이의 한가운데에 책의 제목을 간단히 표기한 부분을 '판심版心'이라고 부르는데, 『신증동국여지승람』의 지도가 있는 부분의 판심에는 책의 제목을 줄여서 '동東', '람覽', 그리고 그림이라는 뜻의 '도圖'를 넣어 '동람도'라 기록했다. 그래서 판심의 이름에 따라 학자들은 이 지도를 〈동람도〉라 부르게 된 것이다.

앞서 언급한 〈천하제국도〉(프랑스 소장)에 담긴 전국 지도인 '동국팔도대총도' 역시 〈동람도〉의 '팔도총도'와 유사한 모습이다.(도판 8) 그만큼 〈동람도〉는 조선 후기에 널리 유행했던 지도로, 여러 형태로 변화, 보완을 거치며 제작되었다.

민중이 사랑한 지도

지금도 이와 비슷한 사례를 우리는 주변에서 살펴볼 수 있다. 대한민국 지도 가운데는 상세한 지도들이 무수히 많지만, 학자나 전문가가 아닌 다음에야 크게 쓸모가 없다. 지금은 내비게이션 덕분에 자동차에 전국도로지도를 가지고 다니는 이들이 거의 없지만, 불과 10년 전만 해도 누구나 자동차 뒷좌석에 도로지도 책자를 한 권씩 비치하고 있었다. 그 지도를 떠올려 보면 좋을 것이다. 길을 찾는 사람들에게는 톨게이트와 고속도로가 표시된 지도면 충분할 뿐, 지형도나 마을의 집들이 하나씩 그려진 상세한 지도는 오히려 머리만 복잡해질 뿐이다.

조선시대 대다수의 사람들도 크게 다르지 않았던 듯하다. 그들에게는 세계지도인 〈천하도〉와 조선 전체의 모습인 〈동람도〉, 그리고 팔도 각각의 지도 정도면 충분했다. 먼 길을 떠나는 경우가 아니라면, 대부분의 사람들에게는 활동반경이 정해져 있었기 때문이다. 정말로 자세한 지도가 필요한 경우(예를 들어 북경에 사신으로 간다거나)에는 국가에서 그에 맞추어 제작한 매우 상세한 지도를 활용했다.

현재 대부분의 박물관에는 조선시대 고급문화를 대표하는 화려한 유물들이 전시되어 있다. 그러므로 지금 당장 유명 박물관에 가 보아도 전시된 고지도들은 대부분 화려하고 상세한 내용이 담긴 것들이며, 전문가들을 위한 지도가 대부분이다. 그래서 이와 같이 소박한 모습의 지도는 설 곳이 없어졌다. 하지만 나는 이 자그마한 지도를 진심으로 사랑하고 존경한다. 그리고 이 글을 쓰는 지금, 이 지도의 푸근한 모습이 마음을 편하게 만들어 준다.

민중들은 이 지도를 5백 년 넘게 지켜 왔다. 인공위성이 없던 시절, 그들은 이 지도를 보면서 조선의 전체 모습을 상상했을 것이다. 막사발은 고려청자에 비해 만들기도 쉽고 보관도 쉽다. 조금 그슬리고 찌그러진들 어떠한가. 그 잔에 담은 막걸리 한 잔의 맛은 청자에 담은 고급술과도 바꾸지 못할 노동의 소산이었을 것이니.

150년 전 전주의 참모습, 〈완산부지도〉

예술로 승화된 지도

조선시대 지도는 그 종류가 매우 다양하고 내용이 다채롭다. 서적의 제작이야 중국이 월등히 많았으나, 지도의 경우에는 조선도 중국 못지않게 상당한 종류들을 만들었다. 조선의 지도는 크게 두 종류로 나누어 볼 수 있는데, 하나는 〈대동여지도〉와 같이 현대의 지형도와 유사한 형태의 현실적인 지도이고, 다른 하나는 지역을 한눈에 내려다보는 형태로 그리는 회화식 지도이다. 〈대동여지도〉 같은 지도는 교과서나 방송 등을 통해 많이 보아 왔기에 이미 익숙할 것이다. 하지만 수천 장에 달하는 회화식 지도들은 그 미적인 아름다움에 비해 많이 알려지지 않은 것이 사실이다. 또 처음 회화식 지도를 보게 되면 대부분 "이게 지도인가?" "풍경화 아니야?" 하고 묻게 되기도 한다. 실제로 회화

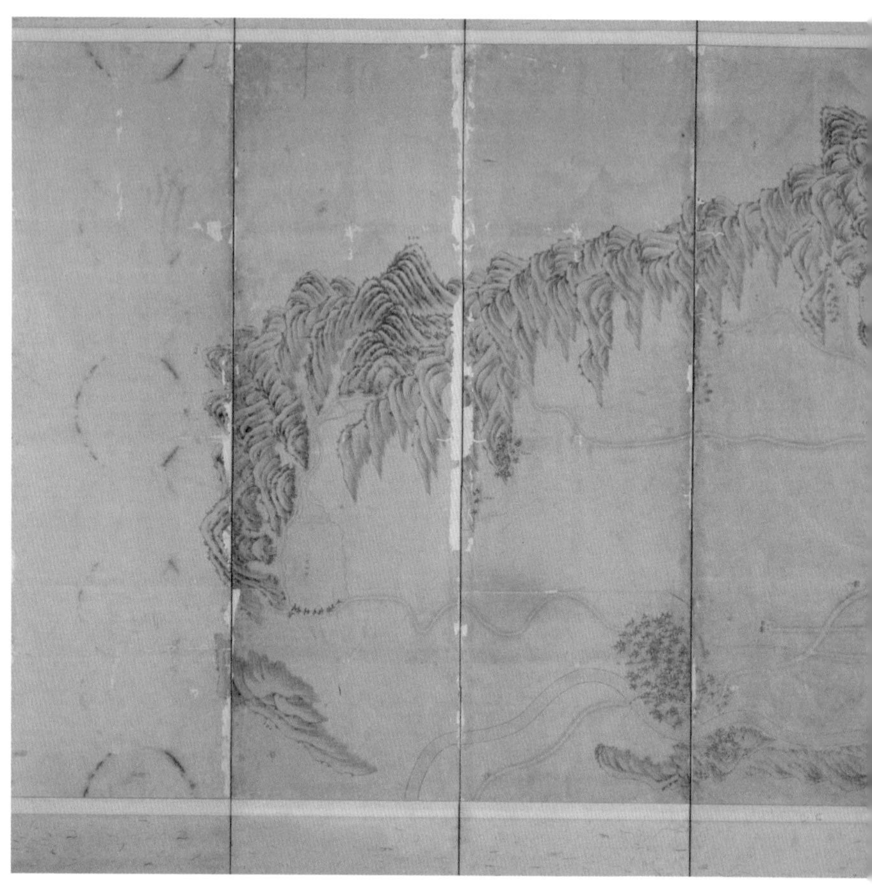

9. 〈완산부지도〉 10폭 병풍 중 8폭(지도 부분). 보물 1876호. 19세기 중반. 국립전주박물관 소장.

조선 왕실의 본향이자 전라도 감영監營의 소재지였던 전주부 일대를 10폭으로 그린 병풍식 지도이다. 위 그림에는 보이지 않는 맨 오른쪽 제1폭과 맨 왼쪽 제10폭에는 전주부의 연혁과 산천, 풍속 등의 지리적 정보(지리지의 내용)가 기록되어 있다. 150년 전 전주 일대의 자연 지형 및 주요 건물의 위치가 상세하게 그려져 있어 당대의 번화했던 모습을 알 수 있다. 개인이 아닌, 전라도 감영이나 중앙정부에서 제작한 것으로 추정된다.

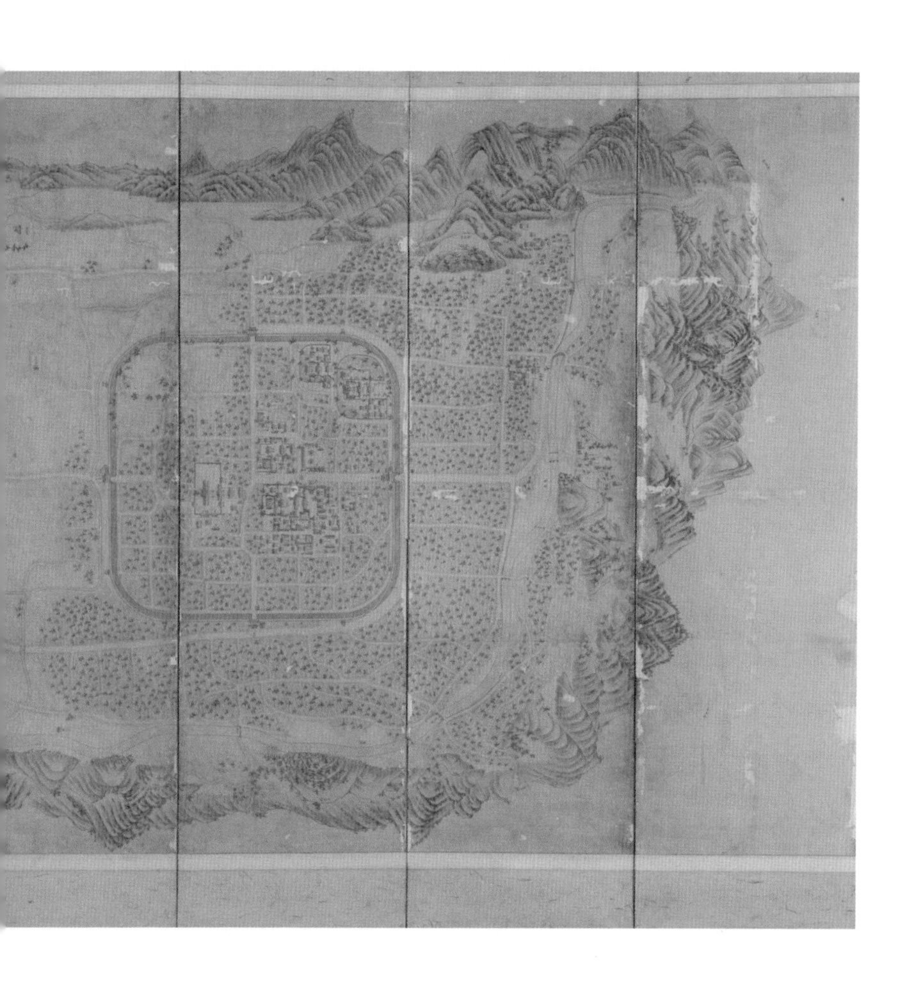

식 지도는 한 폭의 수묵화처럼 보이는 것이 특징이기 때문이다.

앞의 병풍을 보자.(도판 9) 조선을 건국한 태조 이성계의 본향인 전주. 풍요롭던 1800년대의 모습이 10폭 병풍 속에 오롯이 담겨 있다. 이 그림은 병풍의 제2폭~제9폭으로, 제외된 맨 오른쪽(제1폭)과 왼쪽(제10폭)에는 각각 지리지에서 옮겨 온 내용이 적혀 있다. 지도의 이름은 '전주부지도'가 아니라 전주의 옛 명칭이었던 '완산부지도完山府地圖'이다. '완산부'라는 지명은 1403년 전주부로 개칭되어 이 지도 제작 당시에도 전주부로 불리고 있었지만, 옛 영화에 대한 감흥으로 이렇게 이름 붙였던 것 같다.

이 병풍의 전체 크기는 가로 537cm, 세로 190cm로, 그 거대함에 우선 압도된다. 이 정도로 정성을 들인 지도라면 개인보다는 정부에서 특별한 목적을 가지고 제작했을 가능성이 높다. 고지도는 현대 지도처럼 북쪽을 위로 두는 배열을 하지 않은 경우가 많다. 여러 가지 이유가 있겠지만, 화면의 구도적 측면을 고려해서 그렇게 하기도 하고, 풍수지리에서 지역을 수호한다고 믿는 핵심이 되는 산, 즉 진산鎭山에 해당하는 산을 위로 배치하기 위해서 그렇게 그린 사례도 있다. 전주의 모습을 그린 이 지도는 북쪽이 왼쪽에 오도록 배치되어 있다.

한 폭의 풍경화로 재현된 전주

구분이 명확한 것은 아니지만, 단순 풍경을 그린 '회화'와

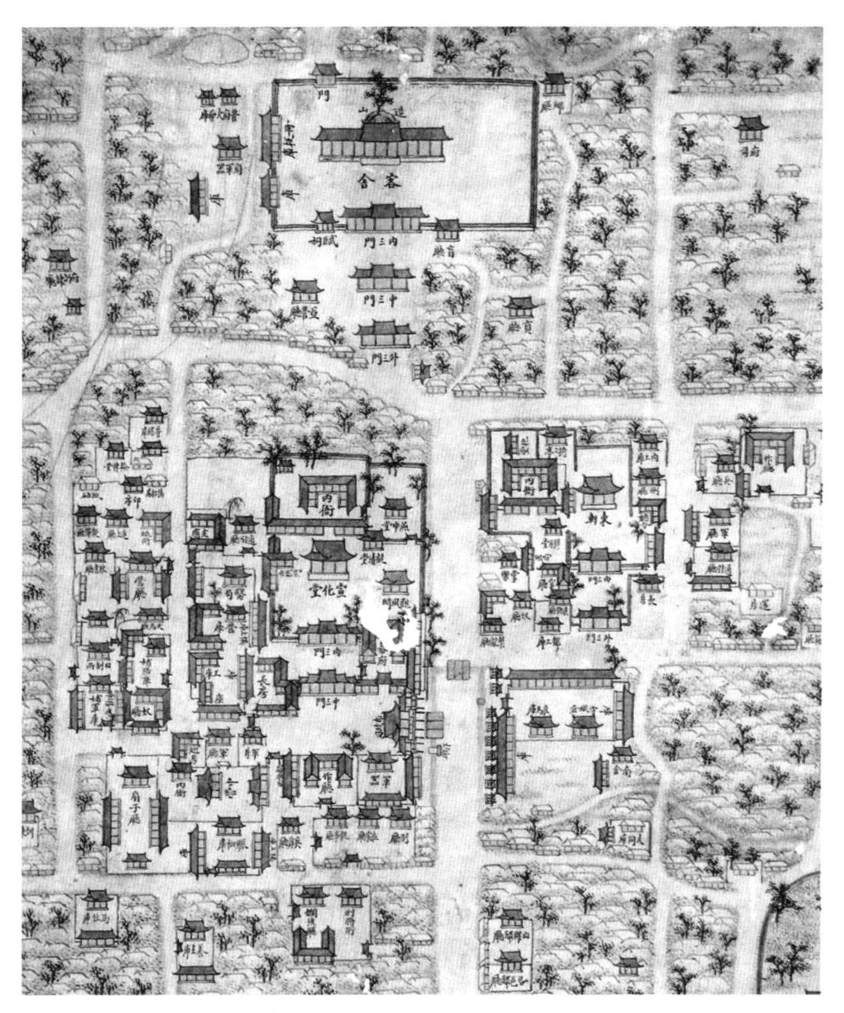

10. 〈완산부지도〉 중 전주 관아와 객사(위), 그리고 전주의 남문인 풍남문豐南門(아래) 세부.

위 지도에서 왼쪽이 전라감영 자리로, 선화당宣化堂을 중심으로 한 전라감영이 2020년 복원되어 일반에 공개되었다. 오른쪽은 태조 이성계의 어진御眞을 모신 경기전과 집무 시설이 있는 공간이다. 현재의 전주 한옥마을이 위치한 공간이기도 하다. 위쪽의 객사 건물은 '풍패지관豊沛之館'이라는 현판으로 잘 알려진 곳이다. '풍패'란 한나라 고조 유방이 태어난 풍읍 패현으로, 제왕의 고향을 뜻한다. 아래 지도의 풍남문은 현재 성벽 없이 문만 존재하는데, 전주 남문시장의 입구 문이 바로 풍남문이다.

'회화식 지도'는 몇 가지 차이점이 있다. 우선 회화식 지도에는 사람을 거의 그려 넣지 않는다. 그리고 중요한 건물이나 지역의 이름이 표기되어 있다. 이러한 특징은 회화식 지도가 감상보다는 각 지역의 확인에 중점이 맞추어졌기 때문이다.

〈완산부지도〉를 자세히 들여다보면 현재 우리가 잘 알고 있는 지역들이 눈에 들어온다.(도판 10) 태조 이성계의 초상화, 즉 어진御眞이 보관된 경기전慶基殿의 모습도 살필 수 있다. 관아를 비롯하여 객사가 있던 지역은 어떠한가. 건물 하나하나의 배치뿐만 아니라 주변의 민가까지 세세하게 그려 넣은 화원畵員의 솜씨와 정성에 경의를 표하게 된다. 건물과 성벽, 주변의 논밭과 하천, 그리고 그 땅을 따스하게 에워싸고 있는 산지의 모습이 어색함 없이 조화롭게 배치되어 있다.

정확성 면에서 본다면 물론 현대의 지형도가 나을 것이다. 하지만 우리들은 흔히 머릿속에 어느 지역의 모습을 그릴 때 이처럼 아름다운 한 폭의 풍경화 같은 모습으로 상상하지 않던가. 이 동네에서 저 동네까지 가는 길을 떠올릴 때도 마찬가지다. 등고선이나 정교한 지도의 기법을 몰라도 우리는 자연스레 머릿속에 그림지도를 만들게 된다. 어린 시절, 점차 주변 거리와 위치를 인지하게 되면서부터 우리 모두는 마음속에 지도를 그렸을 것이다. 그런 의미에서 본다면, 우리는 모두 지도를 그리는 사람이 아닐까. 그리고 그런 지도가 예술의 경지에 이른 것이 바로 조선시대의 회화식 지도가 아닌가 싶다.

지도에 그려진 단종의 죽음, 〈월중도〉

왕이되 왕이 아닌 사람, 노산군의 최후

『조선왕조실록』 1457년 10월 21일 기사에는 단종의 죽음이 다음과 같이 짧게 기록되어 있다.

> 노산군魯山君이 스스로 목매어서 졸卒하니, 예禮로써 장사 지냈다.

우리가 단종이라고 알고 있는 사람은 오랜 동안 이름이 없었다. 우리에게 낯선 이름인 '노산군'이 바로 그에게 부여된 역사 속 이름이었다. 왕이었다가 폐위된 자를 칭하는 모욕적인 호칭인 '군君'은 조선왕조를 통틀어 세 사람에게만 붙여졌다. 연산군, 광해군, 그리고 노산군. 역사를 표면적으로 드러난 기록으로만 살펴본다면, 단종에 대한

11. 단종의 유배지였던 영월 청령포의 오늘날 모습.

기록은 실록의 부고訃告와 같이 너무도 건조하고 차갑기만 하다. 하지만 사람의 마음 씀씀이마저 그러했을까.

강원도 영월의 청령포는 사람들에게 잘 알려진 단종의 유배지이다.(도판 11) 최근에는 위에서 바라보았을 때 한반도 모양의 산줄기가 보이는 것으로 더 유명세를 타고 있다. 섬이 아니면서도 섬과 같은 곳. 강물이 자유롭게 굽이치면서 만들어 놓은 퇴적된 모래밭과 그 앞의 물줄기는 '월중도越中圖'의 한자 음에서 '도圖'를 '그림'이 아닌 '섬〔島〕'으로 읽어, '영월 가운데 있는 섬'이라고 읽고 싶어진다. 인간과 인간을 가로막기 위해 만들어졌던 무위無爲의 섬이 그곳에 있었다.

자연이 만들어 놓은 감옥 안에 머물던 단종은 여러 사정으로 영월 관아로 옮겨 가 머물게 된다. 하지만 섬을 벗어났다고 한들 마음의 섬까지 벗어날 수는 없었기에, 그는 소쩍새가 늘 울어댔다는 자규루 건물에 올라 쓸쓸한 마음을 두고두고 쓰다듬곤 했다. 「자규루에 올라子

規詞」라는 다음의 시는 열일곱 살의 청년이 읊조리기에는 너무 깊은 삶의 비애와 무게를 담고 있다.

> 달 밝은 밤 소쩍새가 울 적에
> 시름을 못 잊어 누대에 기대 보네
> 울음이 슬프니 듣기가 괴롭구려
> 소리가 없었던들 내 시름도 없을 것을
> 세상에 근심 많은 이들께 당부하거니
> 부디 춘삼월 자규루에는 오르지 마시길.

왕으로 추존되어 명예를 되찾다

노산군이 죽고 나서 네 갑자의 시간, 그러니까 240년의 세월이 흘러갔다. 이제 더 이상 세조를 비판한다거나 노산군을 지지한다 해도 국내 정치와 당파에 영향을 미칠 수 없는, 오랜 시간이 흐른 것이다.

그리하여 숙종 24년(1698) 비로소 '노산군'이라는 호칭 대신 '단종'이라는 이름으로 왕의 지위가 다시 부여되면서 명예 회복이 이루어진다. 하지만 죽은 이에게 그것이 무슨 의미가 있겠는가. 이 역시 당시를 살아가던 정치인들의 필요에 의한 것은 아니었던가. 어찌되었건, 그래서 단종의 묘도 '능'으로 바뀌었다. 왕릉은 본래 한양에서 백 리

(40km) 안에 만드는 것이 예법이었지만, 이에 어긋나게 영월의 장릉莊陵이 존재하는 것은 이러한 까닭에서 비롯되었다.

12. 〈월중도〉. 보물 제1536호. 18세기. 한국학중앙연구원 장서각 소장.

한편, 영조 때부터는 유배지 영월에 남아 있는 단종의 자취를 찾아 복원하기 시작했다. 그리고 정조 때 복원, 정비된 단종 관련 주요 유적지들을 기록화로 남겼는데, 이 그림들을 묶은 그림지도첩이 바로 〈월중도越中圖〉이다.(도판 12)

죽은 이는 응당 말이 없는 법. 왕으로 추존되고 나서도 우리는 단종의 최후를 정확히 알지 못한다. 스스로 자결했다는 이야기와 살해되었다는 이야기, 혹은 사약을 받았다는 수많은 설들이 떠돌지만, 아무도 그 끝에 정확히 마침표를 찍지 못한 채 이야기는 다음 장으로 넘어가 버렸다.

이야기를 담고 있되, 지나치지 않은 지도

나는 고지도를 연구하는 학자다. 학자의 본분은 연구이며, 연구에서는 객관성의 확보와 이성적인 분석이 선행되어야 하는 것이 당연하다. 하지만 고지도에 대한 글을 쓸 때면 감성이 드러나곤 한다. 그동안 논리적인 글 속에 갇혀 있던 감정들이 '사람'이라는 길을 따라

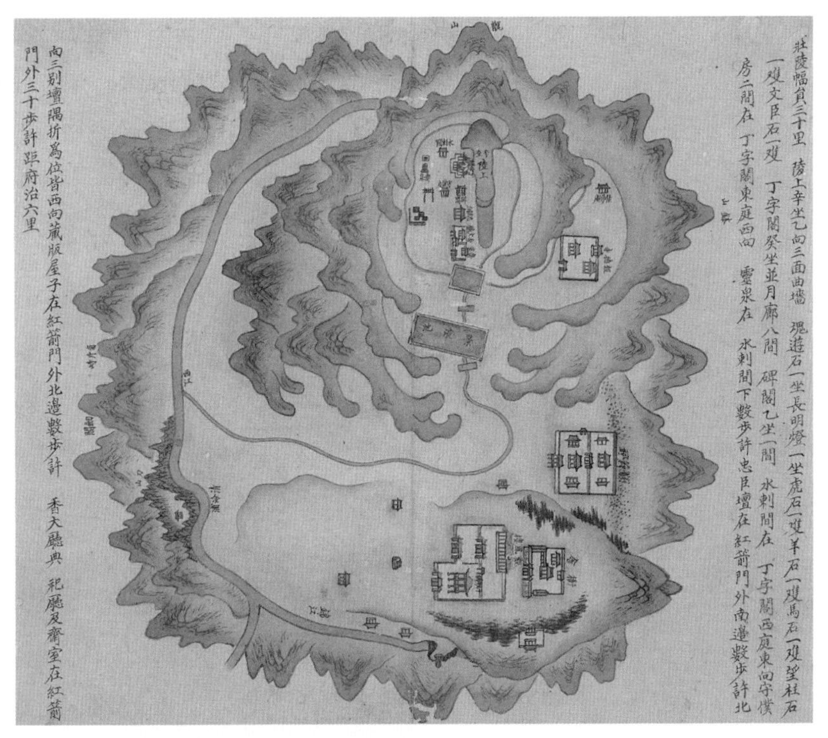

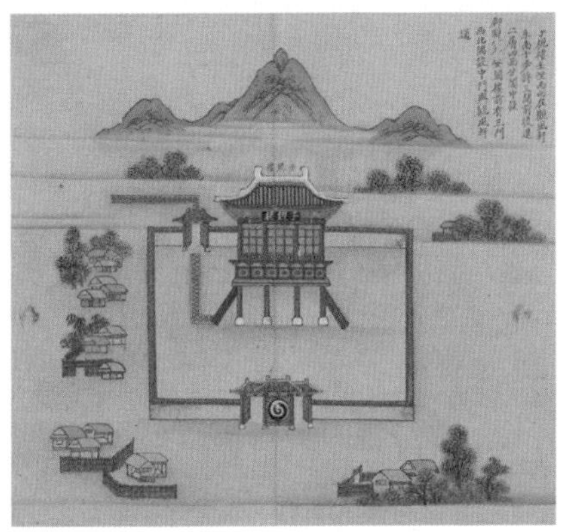

13. 〈월중도〉에 수록된 '청령포도'(위)와 '자규루도'(아래).

단종은 처음 영월 청령포에 유배되었다가 이후 영월 관아로 옮겨져 머물렀다. 자규루는 단종이 자주 올라 시름을 달래던 공간으로, 그가 남긴 슬픈 시가 오늘까지 전해진다.

이끌려 나오기 때문일까.

〈월중도〉에 담긴 8장의 그림지도를 바라보면 만화 같은 단순함이 느껴진다. 하지만 차분하게 대상을 응시하면, 그 안에 담긴 슬픈 이야기와 오래된 사람들의 모습이 보이기 시작한다. 이 그림들에는 사람의 모습이나 역사적인 사건들이 전혀 묘사되어 있지 않지만, 전체적인 구성과 구도, 그 모습을 보면 의도를 짐작할 수 있다.

공자孔子는 『논어論語』에서 「관저關雎」라는 옛 시를 칭찬하며 "사람의 마음을 따스하게 하되 지나치지 않고, 슬픈 모습을 담고 있으나 너무 격정적이지 않다〔樂而不淫 哀而不傷〕."고 평가한 적이 있다. 단종과 그에 얽힌 이야기들을 그림지도로 표현한 〈월중도〉를 바라보며 내가 느끼는 감정도 비슷하다. 이 지도는 어떤 대상을 신랄하게 비판하거나, 단종의 죽음을 비통하게 여겨 슬픔을 강하게 드러내고 있지 않다. 하지만 그 안에는 기쁨 · 노여움 · 슬픔 · 즐거움 · 사랑 · 증오 · 욕망, 즉 희로애락과 애오욕愛惡慾의 감정들이 희미하지만 담겨 있다. 그가 머물며 시를 읊었던 자규루 건물에, 혹은 육지 속의 섬이라는 청령포 그림에, 그를 위해 죽어간 시녀들의 장소인 낙화암, 그리고 점점 시점을 멀리 두어 영월이 하나의 점으로 보이도록 한 강원도 지도의 구성에까지, 8장의 그림지도에는 정교한 장치와 의도가 담겨 있다.(도판 13) 그러한 점들이 이 책을 보물로 지정한 이유일 것이다. 책의 표지에 단정하게 적힌, 진본임을 뜻하는 '진眞'이라는 글자처럼, 이 지도는 당시 이야기를 진지하고 진솔하게 담아 현재를 살아가는 우리에게 전하고 있다.

조선시대 여행용 포켓 지도,
〈수진일용방〉

옛길은 지금과 달랐다

길은 인간의 역사와 함께 존재했다. 길을 통해 물자가 교류되었으며 문명이 전파되었다. 따라서 길이 없다 해도 결국에는 절로 길이 나게 된다. 두 문화권 사이에 교류가 시작되면 작은 길에서 시작하더라도 그 유통량에 비례하여 점차 길은 확장되는 법이다. 사마천이 『사기史記』에서 한 말이 과연 옳다 하겠다.

> 자두나무는 열매가 달고 사람들이 좋아하는 까닭에 산속에 있어도 그 아래 길이 절로 난다. 어진 사람도 이와 같을 것이다. 그가 가만히 있어도 사람들이 그를 따르게 되는 것은….
>
> — 사마천, 『사기』 「이장군열전」 중에서

14. 김득신의 〈노상알현도路上謁見圖〉. 조선 후기. 북한 평양 조선미술박물관 소장. 나귀를 타고 가는 젊은 선비 앞에서 한 상민이 머리를 조아리고 있다. 조선시대 도로는 폭이 좁아, 우회하거나 상대를 피해 가기가 어려웠다.

가까운 과거라고 생각하는 조선시대를 상상하면서 저지르기 쉬운 실수 가운데 하나는, 조선시대의 길도 현재의 길보다 약간만 좁았을 것이라는 생각, 또는 거칠더라도 비슷한 위치에 있지 않았겠나 하는 생각이다. 또는, 최근에 복원해 놓은 둘레길이나 문경새재의 옛길을 걸으면서 옛 시대의 길도 그와 같을 것이라 상상하기도 한다. 하지만 조선시대의 길은 그렇게 잘 다듬어져 있지도 않았으며, 폭이 넓거나 곧바르지도 않았다.(도판 14) 이는 연구를 통해 밝혀지고 있는 사실이다.

조선의 인구를 통계에 누락된 수치까지 추산한다면, 후기에는 거의 천만 명에 이르렀던 것으로 보인다. 당시로서는 세계적인 인구 대국이었던 것이다. 그런데 이 나라의 도로가 조선 말기 외국인의 눈에는 다음과 같이 기록되어 있다.

조선의 길 가운데 가장 넓은 도로는 광화문 앞의 대로였으며, 나머지 길에서는 말 두 마리가 나란히 달릴 수 없었다.

이러한 기록들에는 외국인 특유의 과장이나 조선을 무시하는 시선이 들어 있을 수도 있다. 하지만 조선의 도로 상황이 심각했던 것은 분명해 보인다. 이에 대한 탄식이 박지원朴趾源과 같은 실학자의 저작에도 담겨 있기 때문이다.

도로는 기본적으로 공공재이기 때문에 개인이 아닌 국가에서 관리하고 보수해야 하는 시설이다. 하지만 조선 정부는 한양에서 의주로 가는 '사신의 길'과 '왕의 행차길'을 제외하고는, 외적의 침입을 저지한다는 목적으로 방치에 가까울 정도로 관리에 소홀했다. 심지어 왕의 행차를 위해 도로를 정비해야 하는 경우도 있었다.(도판 15)

조선 초기에 다듬었던 길들은 법률에 따라 대·중·소의 크기로 정돈되어 있었지만, 후기로 가면서 우후죽순으로 들어서는 길가의 무허가 가옥들과 논밭들을 엄격하게 제어하지 못했다. 그래서 물류와 상품은 마차보다는 지게를 이용해 인력으로 옮겼으며, 운송량이 많은 경우에는 하천이나 해안의 수로를 주로 이용했다.

도로 사정이 그러했는데, 양반들은 어떻게 금강산으로 유람을 갔으며, 보부상들은 어떻게 새로운 장터를 찾아갈 수 있었을까? 모든 길을 물어서 갈 수도 있었을 테지만 지도가 필요했을 것이다. 그러나 우리가 현재 알고 있는 대부분의 조선 지도들은 길과 동네만을 찾을 목적인 이들에게는 너무도 고급품인 데다 크기도 크고, 분량도 방대한

15. 〈화성능행도〉 8폭 병풍 중 '환어행렬도'. 조선 후기. 국립고궁박물관 소장.

조선시대 왕들은 한양 밖으로 나가는 경우가 드물었다. 여러 이유가 있겠지만, 왕이 한번 행차를 하게 되면 목적지까지 도로를 정비해야 했던 것도 한 가지 이유였다. 이 그림은 1795년 정조가 수원 화성華城에서 어머니 혜경궁 홍씨의 회갑잔치를 열고, 아버지 사도세자의 묘소를 참배한 후 한양으로 돌아오는 행렬을 그린 것으로, 그림에 보이는 넓은 도로는 길가의 무허가 가옥들과 논밭을 모두 철거했기에 가능한 너비였다.

것이 대부분이다. 예컨대 조선의 도로 상황을 가장 잘 보여 주는 지도인 김정호金正浩의 〈동여도東輿圖〉(도판 16)는, 우리나라 고지도 가운데 개별 지역 지도가 아닌 전국 지도로는 가장 많은 지리 정보를 담고 있다. 하지만 23첩, 총 높이 7미터에 일일이 손으로 그려 만든 수제품 지도를 서민들이 쉽게 사용할 수는 없었다.

그렇다면 저렴하면서도 간략한 지도, 대다수의 서민들이 실생활에서 필요했던 지도가 당시에는 없었을까? 우리는 그러한 궁금증을 〈수진일용방袖珍日用方〉이라는 작은 지도를 통해 풀어 볼 수 있다.

옷소매에 휴대한 지도와 생활상식, 〈동판수진일용방〉

연구자들은 누구나 최고급, 최고의 기술을 가진 작품과 유물에 먼저 눈이 가기 마련이다. 〈모나리자〉는 모두가 동경하지만 이발소에 걸린 싸구려 그림에 대해서는 연구하려 들지 않는다. 재즈와 클래식에 대해서는 깊이 있게 이해하려 애쓰지만 뽕짝은 뒷전에 놓이기 십상이다. 하지만 돌아보라. 음식점마다 이발소 그림 한 점 걸리지 않은 집이 없으며, 뽕짝 음반은 여전히 수도 없이 팔려 나가고 있다.

여기 '동판수진일용방銅版袖珍日用方', 혹은 '수진일용방'이라 불리는 지도가 있다. 손바닥만 한 크기의 이 고지도는 관련 연구자들에게도 그다지 알려지지 않은 자료이다. 그 이유는 아마도 이 지도를 '하찮게' 여겼기 때문일 것이다. 현재 이 지도가 그리 많이 남아 있지 않

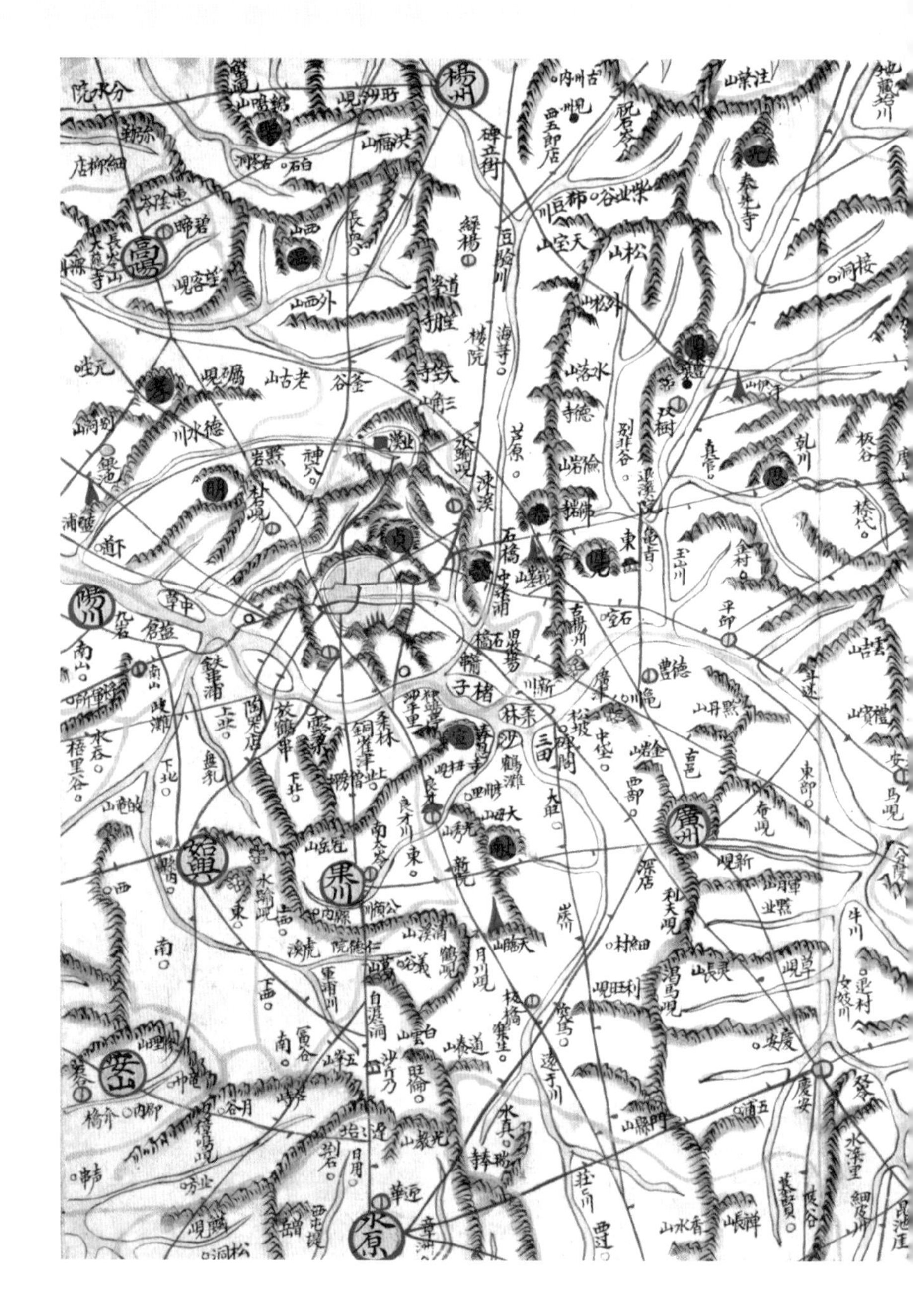
楊州
高陽
陽川
始興
果川
廣州
安山
水原

16. 김정호가 제작한 〈동여도〉 중 한양과 경기도 일대 부분. 보물 제1358-1호. 1850년대. 서울역사박물관 소장.
고산자 김정호의 3대 지도인 〈청구도〉, 〈동여도〉, 〈대동여지도〉 가운데 가장 정밀한 전국 지도로, 아코디언처럼 접고 펼 수 있는 형태로 되어 있다. 〈동여도〉는 총 23첩으로 이루어져 있으며, 목판본으로 제작된 〈대동여지도〉에 앞서 만들어진 김정호의 마지막 필사본 지도로 알려져 있다. 산천 표시와 함께 주州와 현縣의 경계선 및 도로가 빨간색 실선으로 표시되어 있으며, 육로에는 10리 간격으로 점을 찍어 쉽게 거리를 측정할 수 있도록 했다.

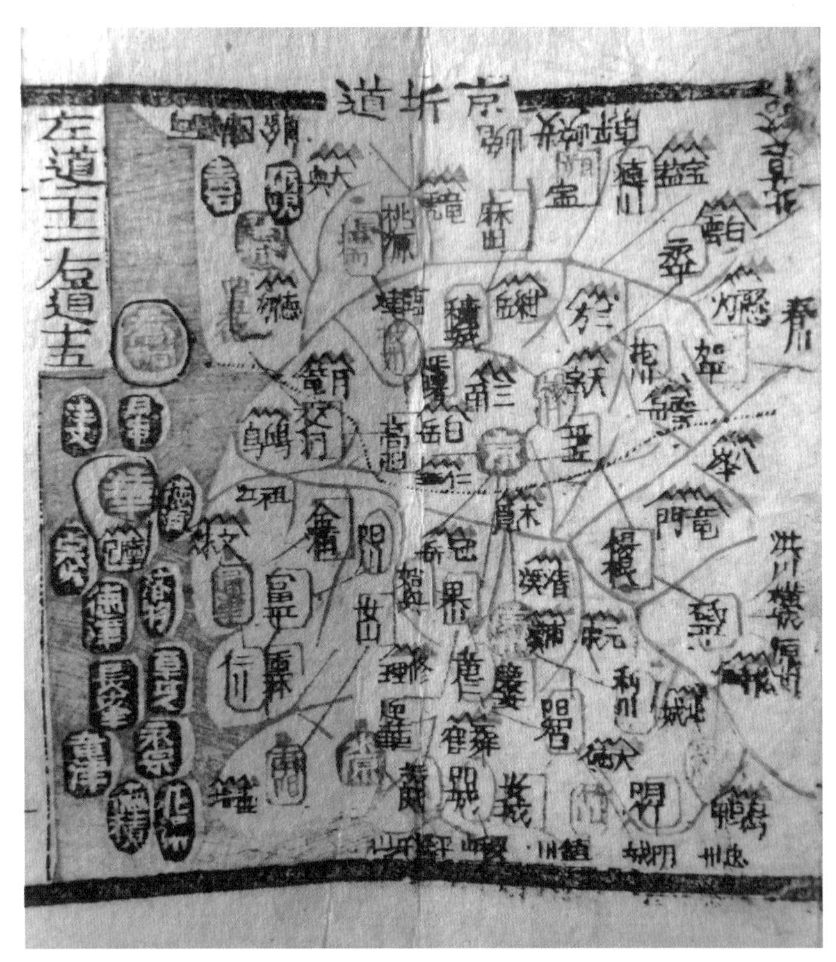

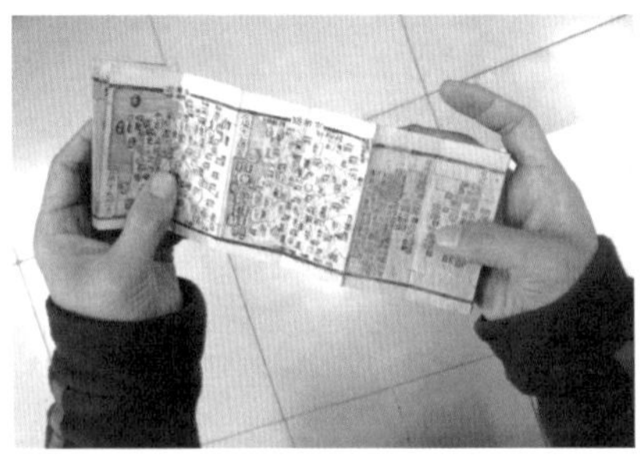

17. 〈동판수진일용방〉. 19세기 중반. 한국학중앙연구원 장서각 소장.

위는 〈동판수진일용방〉 중 서울과 경기도 부근의 지도로, 주요 도시들과 도로들이 간략하게 그려져 있다. 아래는 〈동판수진일용방〉을 손에 쥔 모습이다. 판형은 보통 스마트폰보다 작고 두께는 엄지손톱 정도로, 한 손에 쏙 들어온다. 이 작은 책의 앞뒤에 조선 8도의 지도와 기타 생활상식이 담겨 있다.

은 이유도 하찮게 보관했기 때문이 아닐까 싶다. 그래서 나는 이 지도를 조선시대 '하위문화'를 이해하는 하나의 코드로 생각하려 한다.

여러 해 전의 일이다. 당시 나는 여러 종류의 고지도를 연구하던 중에 처음 들어 보는 이름의 지도를 발견했다. 〈동판수진일용방〉. 이름의 한자를 그대로 해석한다면 '청동판으로 인쇄해서 만든, 옷소매에 넣고 다닐 수 있는 크기의 생활상식 책' 정도가 되겠다. 과연 무슨 상식이 들어 있기에 손바닥만 하게 제작되었으며, 지도는 왜 있는 것인지 호기심이 생겼다. 하지만 유물을 실제로 볼 기회는 쉬이 오지 않았다. 이 지도가 국내에 얼마 없기 때문이기도 하고, 워낙 작은 크기라서 관리에도 주의가 필요했기 때문이다.

시간이 지나 드디어 자료를 살펴볼 기회를 얻었다. 이미 크기를 알고 있었지만, 직접 눈으로 보니 참으로 아담했다.(도판 17) '소담하다'는 표현이 이에 걸맞을까. 지도는 고이 접어 종이로 만든 케이스에 들어 있었는데, 가만히 눈을 감고 예전 소장자를 생각해 보게 된다. 그는 무슨 목적으로 이 지도를 품에 지니고 다녔을까? 친구들과 금강산으로 유람을 가려는 계획을 세우던 젊은 선비였을까? 아니면 새로운 지역으로 진출하려는 장사치였을까? 그도 아니면 다른 동네에 대한 지적 호기심으로 이 책을 구입했던 것일까? 보부상들은 책에 있는 한자 지명을 읽을 수 있었을까? 생각이 꼬리에 꼬리를 물고 이어진다. 물론 정확한 답은 알 길이 없다.

전국 8도의 지도가 한 장씩 담겨 있는 것을 보고 나서 책을 뒤집으니 아코디언 같은 뒷면에 또다시 본문이 이어진다. 당시 사람들이 '생활상식'이라고 말하는 것은 과연 무엇이었을까? 먼저 서울에서 각 도시까지의 거리와 도착 시간(걸어서 걸리는 시간)이 적혀 있다. 또한 지역에 대한 별명(이칭)이 적혀 있는 점도 재미있다. 다음으로는 제사에 사용되는 축문 쓰는 법이 적혀 있다. 조상의 제사를 매우 중요하게 여겼던 만큼 '유세차…'로 시작되는 축문은 생활상식의 하나였을 것이다. 이 외에도 간단한 편지 쓰는 법, 응급처치법(소주를 많이 마셔 생긴 술독을 없애는 응급처치법도 있다), 길일을 택하는 법, 생기를 돋우는 법, 관공서의 이름과 별칭 등 잡다한 정보들이 두루 기록되어 있다.

지금이야 검색을 해서 무엇이든 알아낼 수 있지만, 당시에는 이 지도첩 하나가 손안의 스마트폰이 아니었을까? 길을 떠날 때 품 안에 넣으면 든든했을, 그 옛날의 사람을 생각해 보게 된다. 인쇄도 조악하여 본문의 초점이 살짝 흔들려 있지만, 진정 사람들과 함께했던 손때 묻은 이런 지도가 정겨운 것이 단지 나 혼자만의 감정은 아닐 것이다.

지도를 글로 풀어 쓴 책, 지리지

땅의 이야기를 기록하다

지리지地理志는 땅에 대한 기록을 담은 서적이다. 앞에서 잠깐 설명했지만, 본래 이 책은 중앙정부가 전국을 다스리기 위해 제작했다는 것이 일반적인 해석이다. 서울의 궁궐에서 한 번도 가 보지 못한 지방을 파악하기 위해서는 지역에 대한 요약된 설명이 필요했다.

최초의 지리지는 고대 중국에서 제작된 것으로 여겨진다. 그러나 당시의 지리지는 지역의 이름과 강, 하천, 특산물, 인구와 세금의 규모를 기록하는 간략한 정보에 그쳤다. 나라를 다스리는 입장에서는 이러한 정보가 가장 필요했을 것이다. 점차 국가가 정교해지고 운영을 위해 더 많은 정보가 필요해짐에 따라 지리지의 분량은 늘어났다. 또 나라 전체의 지리지를 하나로 합쳐 정리하는 대규모 편찬 사업도

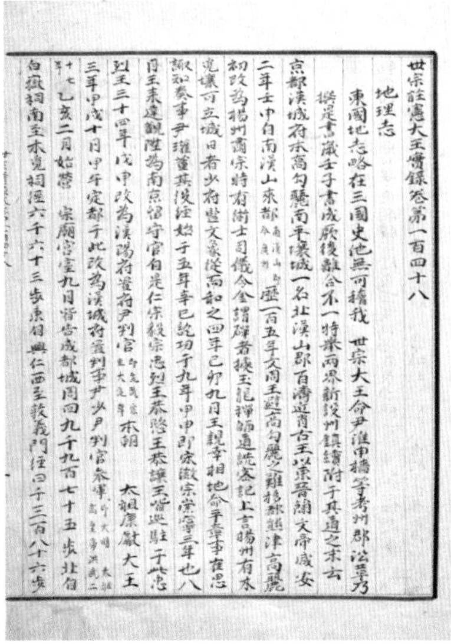

世宗莊憲大王實錄卷第一百四十八

地理志

東國地志略在三國史他無可稽我 世宗大王命尹淮申檣等考州郡沿革乃
撰是書歲壬子書成厥後離合不一特於兩界新設州鎭續附于其道之末云
京都漢城府本高句麗南平壤城一名北漢山郡百濟近肖古王以東晉簡文帝咸安
二年壬申自南漢山來都【今廣州】歷一百五年文周王避高句麗之難移都熊津高麗
初改爲楊州肅宗時有術士司天儀令金謂磾者按玉龍禪師道詵密記上言楊州有木
覓壤可立城闕日者少府監文象從而和之四年己卯九月王親幸相地命平章事崔思
諏知奏事尹瓘董其役經始于五年辛巳訖功于九年甲申卽宋徽宗崇寧三年也八
月王來遊觀陞爲南京留守官自是仁宗毅宗忠烈王恭愍王恭讓王嘗巡駐于此忠
烈王三十四年戊申改爲漢陽府置府尹判官【卽元武宗至大元年】本朝 太祖康獻大王
三年甲戌十月甲午定都于此改爲漢城府置判事尹少尹判官參軍【卽大明太祖高皇帝洪武二
十七年】乙亥二月始營 宗廟宮室九月晉告成都城周回九千九百七十五步北自
白嶽山南至木覓山徑六千六十三步東自興仁門至敦義門徑四千三百八十六步

18. 『세종실록』「지리지」의 첫 면. 세종대왕의 명에 의해 전국의 지리지를 정리하여 수록한 것으로, 원 제목인 『세종장헌대왕실록』 제148권에서 제155권까지 8권으로 이루어져 있다.

진행되었다. 우리가 익히 들어 왔던 『세종실록』「지리지」(도판 18), 『동국여지승람』은 바로 그런 사례들이다. 특히 『세종실록』「지리지」는 국가 주도로 제작한 지리지 가운데 전체의 모습이 온전히 남아 있는 가장 오랜 자료여서 그 의미가 더욱 크다. 자칫 『세종실록』에 수록되지 못할 뻔했던 이 책은 여러 대신들의 의견에 따라 최종적으로 실록의 부록으로 수록되었는데, 그 과정이 서문에 간략하게 기록되어 있다.

> 우리나라의 지리지가 대략 『삼국사기』에 있고 다른 데에는 상고할 만한 것이 없더니, 우리 세종대왕이 윤회尹淮 · 신장申檣 등에게 명하여 주군州郡의 연혁을 상고하여 이 글을 짓게 해서 임자년(1432)에 이루

어졌는데, 그 뒤 (주군이) 갈라지고 합쳐진 것이 한결같지 아니하다. 특히 양계兩界에 새로 설치한 주州·진鎭을 들어 그 도道의 끝에 붙인다.

『세종실록』「지리지」 이후 조선에서는 다양한 지리지들이 제작된다. 그 가운데는 전국 330여 개 군현을 수록한 전국 지리지, 한 개의 군현을 집중적으로 수록하는 일명 '읍지邑志'와 같은 경우도 있다. 경우에 따라 내용이나 중요도가 달라지곤 했지만, 지리지 제작에서 가장 중요하게 다루어졌던 것은 바로 지역의 모습을 묘사한 지도였다. 큰 지도가 아니기에 생략되는 부분도 있었지만, 지도를 통해 사람들은 지역의 모습을 인식하고 공간 감각을 가질 수 있었다.

지리지와 지도, 그 불가분의 관계

지도와 지리지는 서로 떼려야 뗄 수 없는 관계이다. 지도를 글로 풀어 쓴 것이 지리지라고 할 수 있으며, 지리지를 압축하여 이미지화한 것이 바로 지도였기 때문이다. 각각의 장단점이 다르므로, 우리 조상들은 지도의 뒷면에 지리지를 수록하거나 지리지의 첫 면에 지도를 담아 제작하기도 했다.

조선시대 고지도의 특징 가운데 하나는 바로 '가시성'이다. 해당 지역의 전체 모습이 한눈에 들어오는 것이 장점이다. 예컨대 지리지 중 하나인 『김산군읍지』에 수록된 고지도를 보면, 지역의 전체 모습과

19. 『김산군읍지』에 수록된 김산군 지도. 1759. 서울대학교 규장각 한국학연구원 소장.

『김산군읍지』는 현재의 경상도 김천시에 관한 지리지이다. 본문 내용에 앞서 지역의 경관을 보여 주기 위한 지도가 실려 있는데, 이 지역에 관한 중요 정보가 일목요연하게 담겨 있다.

도로, 주요 동네, 하천과 산, 관아의 위치까지 일목요연하게 확인할 수 있다.(도판 19)

때로는 한 지역의 지도를 두 장에 걸쳐 그리는 경우도 있었다. 전라도 부안의 지리지인 『부안읍지』에는 내륙과 바다 지역을 두 장에 걸쳐 묘사한 지도가 실려 있다.(도판 20) 바다와 육지를 색깔로 뚜렷하게 구분해 놓았는데, 이 지도를 본 사람들은 다음 장에 글로 기록된 지리지의 내용을 보면서 머릿속으로는 지도를 떠올리게 된다. 한 장의 지도가 바로 그 지역을 대표하는 이미지였던 것이다.

땅의 기록에서 사람의 기록으로

조선 후기로 접어들며 지리지의 내용은 점차 변화했다. 자연 중심으로 기록되었던 기존의 정적인 지리지가 사람의 모습을 더 많이 담게 되면서 사람 중심으로 변화해 간 것이다. 이런 경향은 지역에서 자체적으로 제작하는 경우에 더 뚜렷하게 나타나는데, 지역사회 안에서 폐단으로 작용하여 논란이 되기도 했다. 책에 누군가의 이름을 수록하거나 빼는 것이 하나의 권력으로 작용했기 때문이다. 글자 한 자, 문장 한 줄이 힘으로 작용하는 순간이었다. 자기 할아버지의 이름이 지역의 지리지에 실리면 어깨에 힘을 주고 다닐 수 있었던 것이다.

그런데 지리지에 지역의 뛰어난 사람들이나 문장가들이 실리는 것

烽臺
北倉
西道面
二道面
界火島
晚坐嶼
鹽所面
一道面
下西面
斗里島
飛鴈島
月明菴
右山內面
南上面
海倉
高金巖
開巖
蝟島鎭
下旺登島
來蘇寺
格浦鎭
烽臺
左山內面
上旺登島

20. 『부안읍지』에 수록된 부안읍 지도. 1877. 서울대학교 규장각 한국학연구원 소장.
지도의 내용은 간략하지만, 지역의 전체 모습과 도로, 산과 하천, 주요 동네 등을 파악하는 데는 손색이 없다.

이 맞는 일일까? 사실 역사는 그 기저에 있는 수많은 민중의 모습 속에서 움직여 온 것이 아니던가. 하지만 남아 있는 기록에는 평민의 삶이 단 한 줄도 없다. 아무리 두꺼운 지리지를 살펴보아도 시골 농부의 모습이나 촌로의 이야기는 보이지 않는다. 그런 즈음에 '사람을 위한' 지리지를 구상한 사람들이 나타나기 시작했다.

홍의호洪義浩(1758~1826)라는 사람이 있었다. 시 짓기를 좋아했던 그는 전국을 다니며 지역의 경관과 실상을 시로 남겼는데, 기록에 따르면 3천여 수에 달하는 시를 써서 전국의 지리지를 완성했다고 한다. 『청구잡영』이라는 이 작품은 현재 기록만 남아 있어 안타깝지만, 그가 자신의 고향인 강원도 원주의 단구 일대를 백 편의 시로 노래한 지리지가 남아 있는 것은 불행 중 다행이라 하겠다.

『단구잡영丹邱雜詠』이라 이름 지어진 이 독특한 지리지의 기록은 운율과 리듬감이 살아 있어 머릿속에 지역의 모습이 수채화처럼 그려진다. 그리고 '사람', 여타의 딱딱한 지리지에는 수록되지 않았던 사람들의 모습이 담겨 있었다. 그는 양반이었으나 백성들의 신산한 삶을 바라보면서 느낀 회한의 감정들이 책 곳곳에 묻어난다.

하지만 이런 새로운 지리지는 결국 몇몇의 실험에 그쳤을 뿐이고, 현재까지 이어지고 있지 못하다. 각 시와 군에서 방대한 분량으로 완성되고 있는 최근의 '○○군지', '○○시지'를 살펴보자. 천 페이지가 넘는 방대한 항목, 그 수많은 도표와 통계자료 속에서 나와 우리 이웃의 모습은 다만 수치로 기록될 뿐이다. 수많은 정보와 자료 속에서 사람을 뒤로 두는 우를 범하고 있는 것은 아닌지 생각해 보게 되는 순간이다. 마지막으로 홍의호가 남긴 지리지의 한 구절을 옮겨 본다.

> 단구라는 마을 이름은 신선에게 해당하니
>
> 임천의 땅에서 다섯 세대를 전해져 왔네
>
> 이 늙은이 공명에 자족함을 알았으니
>
> 판서의 직함을 육십 이전에 가졌네.
>
> (중략)
>
> 지방관이 본디 어찌 어진 마음 아니겠나만
>
> 밝은 해가 임한다는 걸 머리에 몽땅 잊어버렸네
>
> 다만 뇌물만 주면 일을 잘한다고 하니
>
> 백성들 괴로이 신음하는 것이야 무슨 상관이랴.
>
> ― 홍의호의 『단구잡영』 중에서•

• 이 책은 강원도 원주 일대의 인문, 자연 지리를 실감나게 묘사하고 있다. 번역은 김인규, 「담녕 홍의호 『단구잡영』 연구」, 성균관대학교 석사학위논문, 2007 참조.

우리 마음속에 간직한 세계, 심상 지도

경험과 무의식이 그려 내는 지도

근대 학문이 유입되면서 전통적인 우리의 사고 체계와 가장 달랐던 점은 바로 객관성의 중시가 아니었을까 한다. 서구의 학문에서 기본이 되는 것은 정의와 약속이다. 먼저 부호와 원칙을 정하여 약속의 체계를 만들어 내고, 그렇게 약속의 체계가 확립되면 그것을 기반으로 지식은 복잡해지고 구체화된다. 예를 들어 아무리 복잡한 수학의 수식을 보더라도 '1, 2, 3, 4, +, -, ='과 같이 미리 약속된 각각의 부호에 대한 이해는 가능하다. 이러한 방식은 거의 모든 학문 체계에서 나타나는데, 지도의 제작 역시 다르지 않았다. 현대의 모든 지도들은 기본적으로 축척과 부호, 등고선의 조합이다. 일단 기호와 지도를 보는 법을 익히면, 아무리 복잡한 지도라도, 혹은 처음 보는 지역의 모습이더라도 그 공간을 상상해 내는 데 문제가 없다.

하지만 고지도의 경우는 이와는 다른 접근법으로 바라보아야 한다. 전근대 세계의 지식은 주관성을 우선시하며, 자신과 주변의 공동체를 둘러싸는 연계망 사이에서 통용되는 상식이었기 때문이다. 세계나 한반도의 모습을 왜곡하여 그리더라도 그 행간을 읽어 낼 수 있는 암묵적인 약속이 있었기에 그러한 모습의 지도가 탄생할 수 있었다. 그러나 이러한 맥락의 지식은 타자他者에게는 이해할 수 없는 벽으로 작용할 수 있다. 동네 사람들이 그리는 마을 지도에는 작은 개울이나 언덕까지 일일이 묘사할 필요가 없다. 그 지도는 해당 지역을 완전히 이해하고 있다는 암묵적인 합의 속에서 탄생하기 때문인데, 그래서 제3자는 길을 찾거나 지역의 모습을 그려 내기가 힘들 수밖에 없다.

하지만 이런 지도가 당시 사람들의 다양한 사고방식과 인식 체계를 읽을 수 있는 기회가 되기도 한다. 최근 지리학에서 연구되고 있는 심상 지도Mental Map가 그렇다. 같은 동네 사람들에게 각기 종이를 나눠 준 후 동네의 모습을 그리게 하면, 제각기 다른 모습의 지도가 탄생한다. 지도의 내용에는 자신이 중요하게 여기는 부분이 크게 부각되고, 미지의 지역일수록 작게 그려지거나 생략되기 마련이라는 것이다.

전주의 초등학교 5학년 학생들을 대상으로 '집에서 학교 가는 길'이라는 주제로 심상 지도를 그려 보게 했는데(도판 21), 학생들이 그린 수십 장의 지도를 통해 과거 고지도를 이해하는 단서를 발견할 수 있었다. 같은 동네에서 같은 학교에 다니는 학생들이지만 그들이 바라보는 세상의 모습은 모두 달랐다.

21. 초등학교 5학년생들이 그린 '학교 가는 길'.

심상 지도의 사례로, 같은 동네에 사는 학생들이지만 마음속 길의 모습은 각기 다르다. 주변 상점과 도로의 선택에 아이들의 관심사가 반영되어 있는 점이 흥미롭다.

그들이 그린 세계는 모두 정답일 수도 있고, 그렇지 않을 수도 있다. 만약 그 안에서 객관적인 사실을 추출한다면 학교와 우리 동네가 길과 건물이라는 공간으로 구성, 배치되어 있다는 사실일 것이다. 하지만 그 수많은 도로와 상가 건물도 최종적으로는 아이들의 '임의적 선별'을 거쳐 재배치되고 있었다. 이 얼마나 다양하고 신선한가. 현대의 지형도에서는 볼 수 없는, 사람의 결이 느껴지는 모습이다. 이는 바라보고 생각하는 새로운 방식에 대한 제안이기도 하다. 이제 그러한 눈으로 고지도를 살펴보자.

고지도 속 무언의 합의

고지도는 일반인들이 생각하는 것보다 훨씬 다양하고 종류도 방대하다. 가장 잘 알려진 것은 역시 김정호의 〈대동여지도〉이지만, 그것이 전부는 아니다. 여기 소개하는 지도 역시 그리 잘 알려지지 않은 지도 중 하나다.

〈삼남해방도三南海防圖〉(도판 22)라는 이름의 지도를 처음 보았던 때가 생각난다. 7~8년 전, 좌우로 기다란 이 지도를 보면서 처음 들었던 생각은 '어디를 그린 지도인가?'라는 것이었다. 내가 아는 바로는 이렇게 생긴 지형이 없었기 때문이다. 지도에서 지명들을 하나씩 살펴보자 그제야 자료의 이름과 맞추어지며 이마를 치게 되었다. 이 지도는 기본적으로 해군을 위해 사용되던 군사용 지도로서, 충청도, 전

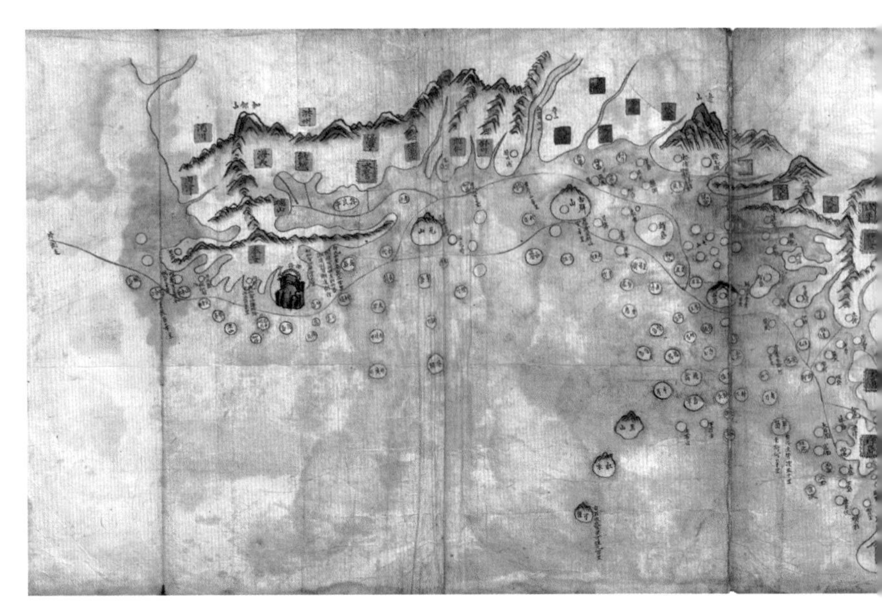

22. 〈삼남해방도〉. 18세기 후반. 서울대학교 규장각 한국학연구원 소장.
작자 미상의 〈동국여도 東國輿圖〉에 수록된 16장의 지도 가운데 하나이다. 서해, 남해, 동해 3면의 바다를 일직선으로 펼쳐 그린 것이 특징적이다. 다양한 군사 요충지를 표시한 것으로 보아 해안 방어 목적으로 제작되었음을 알 수 있다. 일직선으로 그려진 해안선이 이상하리만큼 위화감이 느껴지지 않는데, 그 까닭은 지도를 그리는 작자와 지도를 읽는 독자 모두 마음속으로 지도를 구부려 변형하고 있기 때문이다. 이런 무언의 합의가 없으면 이 지도는 무용지물이 되고 만다. 아래 그림은 이 지도의 해남, 진도, 제주도 부근의 세부이다.

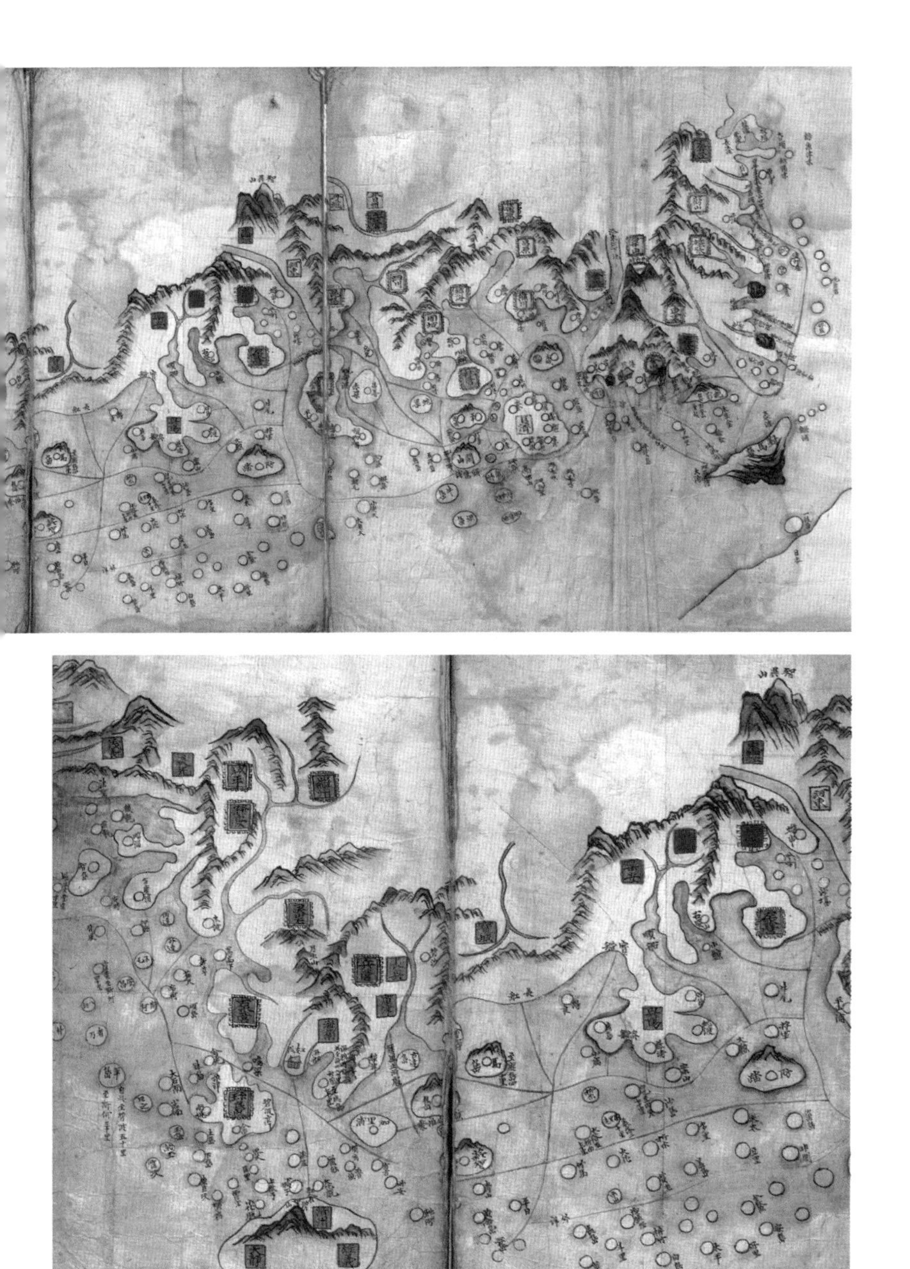

라도, 경상도의 해안선을 일렬로 펼친 형태로 그린 것이었다.

그렇다면 여기서 의문을 가지지 않을 수 없다. 왜 3면으로 굽어 있는 조선의 해안선을 일직선으로 펼쳐 그렸을까? 그리고 이 왜곡된 지도가 정말로 전투에 도움이 되었을까? 하지만 그런 질문이 잘못된 전제에서 시작되었다는 것을 깨달은 것은 최근에 이르러서였다. 나 역시 근대적인 학문의 접근법으로 옛 시대를 해석하려는 잘못을 저지르고 있었던 것이다. 조선시대 사람들 모두 한반도의 3면이 바다라는 것을 모르는 이는 없었다. 그런 기본적인 합의 안에서 이 지도는 '이해 가능한' 왜곡을 진행한 것이다. 어차피 지도를 보면서 머릿속으로 화면을 엿가락처럼 휘어 본들 무슨 상관이겠는가. 게다가 계속 보다 보면 직선으로 그려진 해안선이 오히려 쉽게 눈에 들어온다. 이것이 바로 고지도를 읽어 내는 맛 가운데 하나일 것이라는 생각이 든다. 이 그림지도는 우리에게 획일적인 틀에서 벗어나 '이해'할 것을 요구하고 있었던 것이다. 유홍준 선생의 말이 새삼 와닿는다.

> 알면 보이고 보이면 느끼나니, 그때 바라보는 것은 예전과 다를 것이다.

지도에 남은 '사람'의 흔적

2장

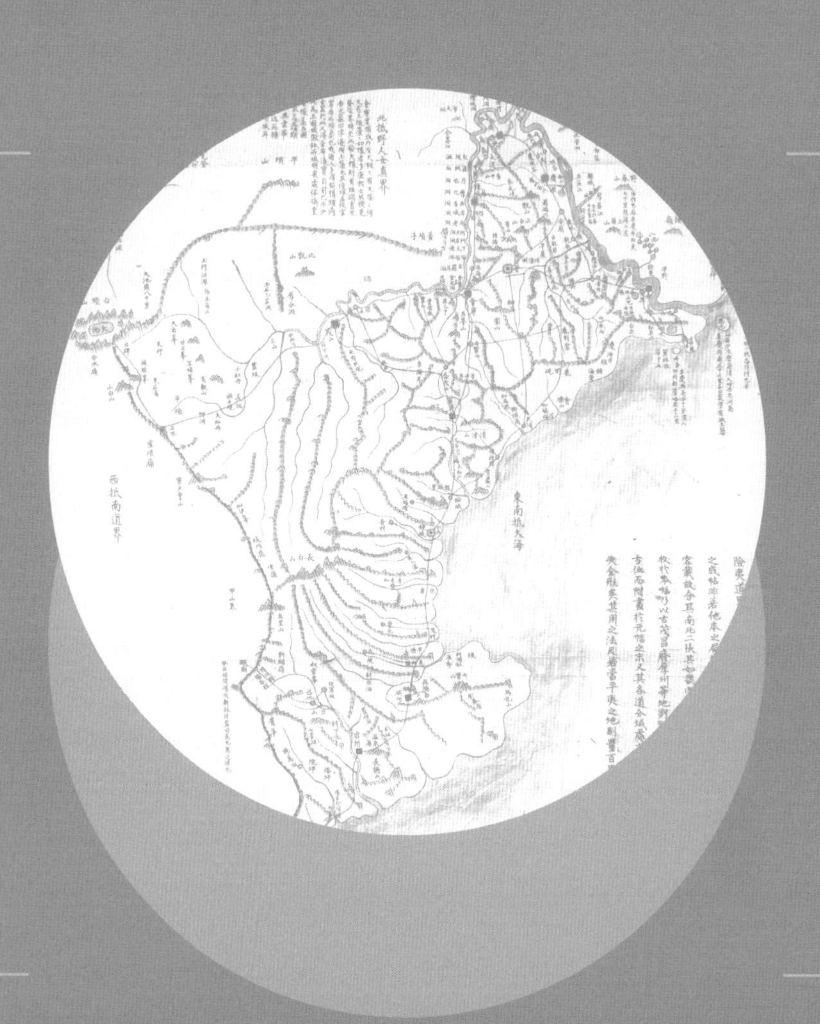

잊혀진 지도 제작자들

한반도의 실제 모습을 알기까지

앞서 다루었던 〈동람도東覽圖〉는 임진왜란이 일어나기 전인 조선 전기에 제작되었다. 이 작은 지도 한 장은 사람들이 한반도의 모습을 이해하는 데 많은 도움을 주었으며 폭넓게 활용되었다. 하지만 이렇게 간략한 지도의 모습과는 다르게 시대마다 국토의 모습을 치밀하고 자세하게 연구하고 그리려 한 이들도 있었다. 요즘으로 치면 지도학자라고 해야 할 것이다.

우리가 현재 알고 있는 한반도는 도판 23과 같은 모습이다. TV나 인터넷에서, 혹은 일기예보에서, 그리고 교과서에서 보았던 바로 그 한반도의 모습이다. 하지만 조선시대 사람들은 한반도가 이러한 모습이라는 것을 이해하기까지 오랜 시간이 걸렸다. 그리고 그 과정에는 일생을 지도 제작에만 헌신했던, 숭고한 뜻을 가진 이들이 있었다.

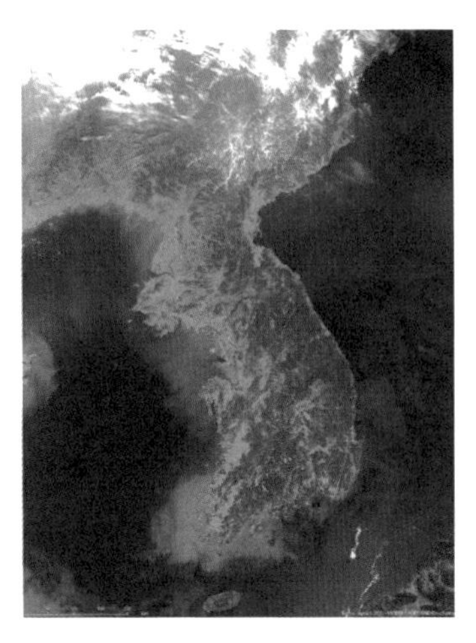

23. 위성에서 바라본 한반도의 모습.

〈대동여지도〉를 제작한 김정호는 많이 알려져 있지만, 교과서나 매체에서 그를 제외한 다른 고지도 제작자에 대해 다룬 적이 거의 없기에, 일반인들이 이들을 모르는 것은 자연스러운 일일지도 모른다. 하지만 진정성 있게 한 가지 목표를 위해 노력하며 일생을 살아갔던 사람들도 언젠가는 알려져야 하지 않을까? 나 역시 그러한 역할을 조금이나마 하고 싶다. 고지도와 역사를 공부하는 것도 기본적으로는 인문학에 속하는 것이며, 인문학의 근본에는 '사람'이 있어야 한다는 믿음이 있기 때문이다.

영조를 감탄케 한 지도

조선시대의 가장 위대한 왕이 누구냐고 묻는다면 많은 이들이 세종대왕이라고 대답할 것 같다. 그렇다면 그다음은 어느 왕일까? 나는 영조와 정조를 꼽고 싶다. 그들은 우열을 가리기 힘들 정도로 많은 업적을 세웠는데, 영조가 있었기에 정조의 탁월한 업적도 가능했다는 생각이다. 영조는 50여 년이라는 오랜 기간 동안 왕위에 있으면서 많은 일들을 진행했고 수많은 사건을 겪기도 했는데, 그가 지도 제작에 관심이 많았다는 사실을 아는 이는 드물 것이다. 『조선왕조실록』 영조 33년(1757) 8월 6일의 기록에는 다음과 같은 이야기가 등장한다.

> 홍양한이 말하기를, "정항령鄭恒齡의 집에 〈동국대지도東國大地圖〉가 있는데, 신이 빌려다 본즉 산천과 도로가 섬세하게 다 갖추어져 있었습니다. 또 백리척百里尺으로 재어 보니 틀림없이 착착 맞았습니다." 하니, 임금이 승지에게 명해 가져오게 하여 손수 펴 보고 칭찬하기를, "내 70의 나이에 백리척은 처음 보았다."라고 하셨다.

영조는 한반도를 그린 이전의 지도를 많이 보아 왔으나, 이처럼 뛰어난 지도는 평생 처음 본다면서 감탄해 마지않았다. 그를 그토록 감동하게 한 지도는 과연 어떻게 생겼으며, 이 지도를 만든 정상기라는 인물은 어떤 사람이었을까.

4대에 걸쳐 지도를 만들었던 사람들

신문기사나 방송 등에서 가끔 백 년, 2백 년씩 대를 이어 영업하는 일본의 우동집에 대한 이야기를 접할 때가 있다. 그럴 때면 우리는 어떠한가 반문하게 되는데, 근현대사의 굴곡 탓인지 우리에게 그렇게 오랜 전통이 남아 있기가 쉽지 않다는 것이 이해가 되기도 한다.

하지만 우리에게도 그와 같은, 아니 그보다 더욱 진지했던 사람들이 분명 존재했다. 대표적인 사례가 하동정씨 4대에 걸쳐 지도를 제작했던 정상기鄭尙驥, 정항령鄭恒齡, 정원림鄭元霖, 정수영鄭遂榮이다. 이 네 사람은 더 정확한 지도를 만들기 위해 대를 이어 일생을 바쳤다. 현재의 한반도 형태에 더욱 가까운 지도를 만들기 위해 노력했던 이들의 작업이 바탕이 되지 않았다면 〈대동여지도〉도, 김정호도 나올 수 있었을지 의문이 든다. 그러나 그때나 지금이나 세상은 과정보다는 결과를 중시하고 실제보다는 겉모습으로 판단하기 마련이어서, 이들의 노력을 알아주었던 사람들은 극히 적은 수에 불과했다.

축척이 표시된 최초의 지도

한반도 전체의 지도는 고려시대 이전부터 제작되어 왔다. 조선시대 초기에도 이미 상세한 지도들이 제작되었는데, 언제나 북쪽 지방이 왜곡되어 있다는 것이 단점이었다. 현재 우리가 볼 수 있는 가장 이른 시기의 한반도 지도는 1402년에 제작된 〈혼일강리역대국도지도混一疆理歷代國都之圖〉이다.(도판 24) 비록 본래 시기보다 조금 뒤에 다시 그려진 것이긴 하지만, 620년 전 조상들이 이해했던 우리 땅의 모습을 알아보는 데 더없이 좋은 자료이다.

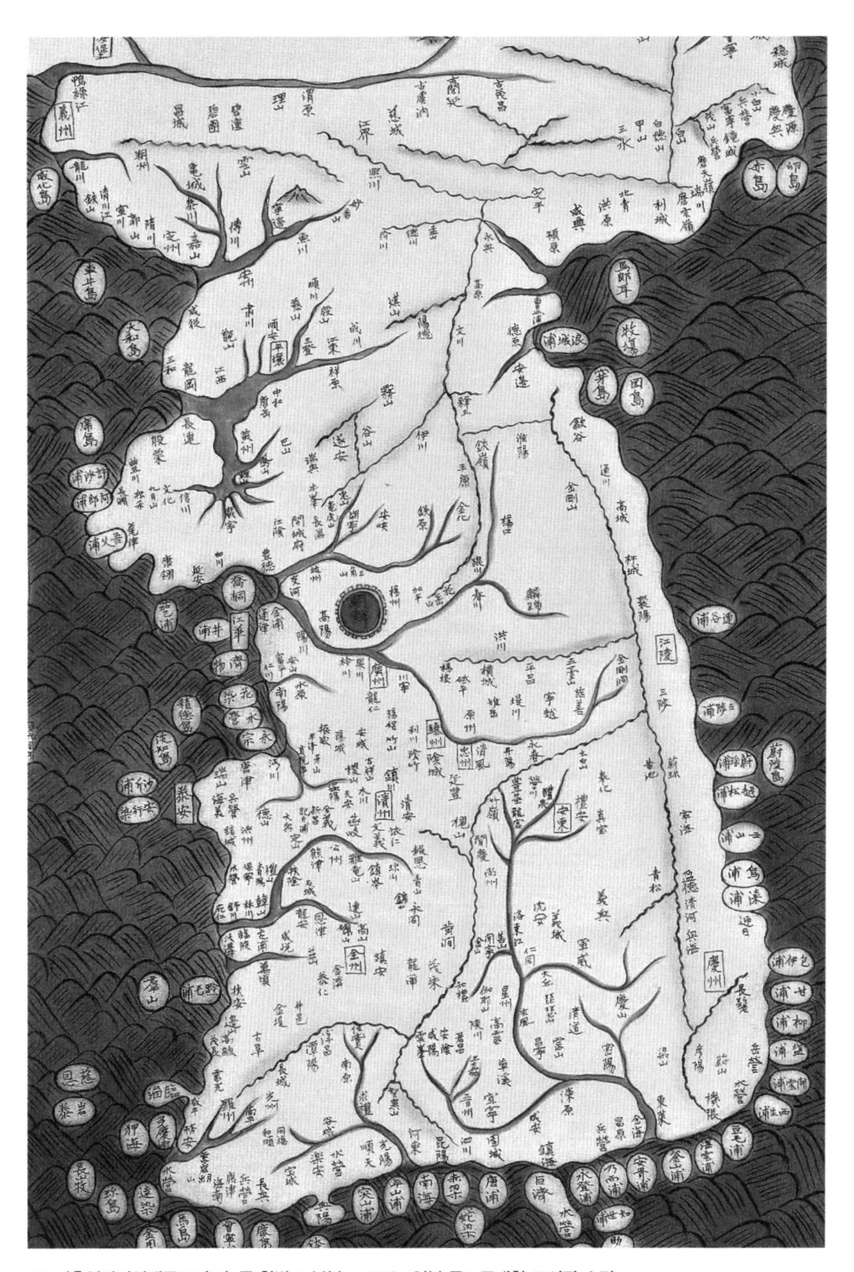

24. 〈혼일강리역대국도지도〉 중 한반도 부분. 1450. 일본 류코쿠대학 도서관 소장.

우리나라 최초의 세계지도이자 현존하는 동양 최고最古의 세계지도이다. 태종 2년(1402) 좌의정 김사형金士衡, 우의정 이무李茂·이회李薈가 중국과 조선의 지도들을 바탕으로 제작한 것을 1450년경에 다시 그린 지도이다.

지도에 나타난 한반도의 형태는 18세기 중반까지 약 2백여 년간 조금씩 발전되어 실제에 가깝게 변했지만, 여전히 함경도와 평안도 지역은 납작하게 눌린 상태로 그려졌다. 임진왜란이 끝난 뒤 북쪽의 금나라에 대한 경계의식이 높아지고, 이후 명나라를 정복한 청나라에 대한 위기가 고조되면서, 조선에서는 북방 지역의 상세한 지도를 다수 만들게 되었다. 이러한 배경에서 1700년대에 지도학자 정상기(1678~1752)가 등장한다.

정상기는 관직 생활을 하지 않고 집안에서 학문을 연구했던 전형적인 학자였다. 병약했던 그는 직접 전국을 돌아다니기보다는 기존 지도들을 모아 최적의 장점만을 취합하여 지도를 만들었다고 알려져 있다.

영조가 그의 〈동국지도東國地圖〉(도판 25)를 보고 놀랐던 것은 바로 '백리척'이라는 지도 제작 방식이었다. 지역에 대한 자세한 내용을 담은 지도는 이미 그 이전에도 있었다. 그러나 정상기는 똑같은 축척을 기준 삼아 전국을 8장의 지도로 그려 냈는데, 이것은 의미 있는 '혁신'이었다. 백리척은 지도상의 100리를 1척으로 통일하여 축소한 것을 말하는데, 여기서 1척은 흔히 사용하는 1척의 개념과는 조금 다르며, 지도 제작에 이용된 특수한 길이의 단위라 할 수 있다.

처음 정상기는 조선 8도를 각각 한 장의 종이에 그려 넣으려고 했다. 그러나 그 계획은 곧 난관에 봉착했는데, 함경도는 너무 컸고 경기도와 충청도는 너무 작았기 때문이다. 그래서 그는 같은 축척을 기준으로 함경도를 남북으로 나누어 두 장에 담았고, 경기도와 충청도는 하나로 합쳐 한 장에 그렸다. 따라서 결과적으로 8도를 8장에 담게

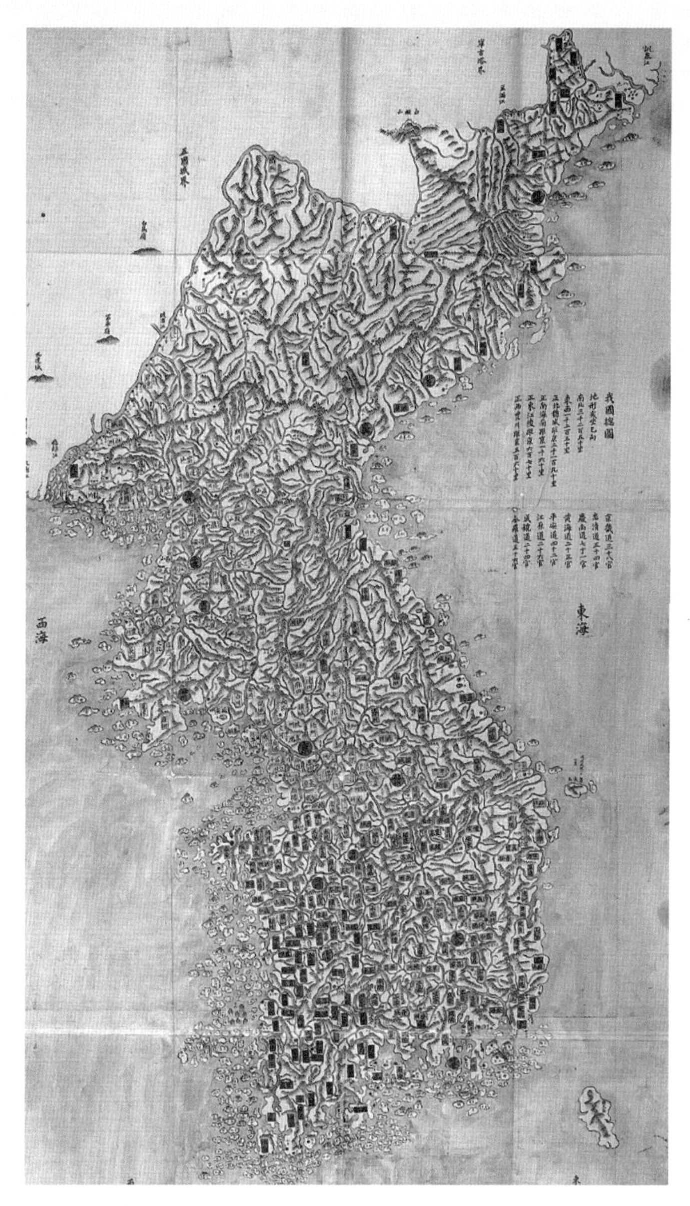

25. 작자 미상의 〈동국지도〉 중 전국도인 '아국총도我國摠圖'. 18세기 후반. 서울대학교 규장각 한국학연구원 소장.

정상기가 만든 〈동국지도〉 원본은 현재 전하지 않고, 이를 저본으로 삼아 발전시킨 여러 '동국지도 계열본'들이 남아 있는데 이 지도도 그중 하나다. 정상기의 〈동국지도〉는 조선 후기 소축척지도의 발달에 획기적인 전기를 마련한, 당시로서는 가장 정밀한 지도였다. 위 지도는 전국도 1폭, 도별도道別圖 8폭, 총 9폭으로 구성되어 있다.

되었다.

그의 지도는 조선 후기에 폭넓게 유행한 것으로 알려져 있다. 사람들은 지도를 베끼는 과정에서 한 걸음 나아가 자신의 방식으로 수정하기도 했으며, 그 과정에서 어떤 지도는 매우 혁신적인 경지에 이르기도 했다. 신경준, 정철조, 황윤석 등 기라성 같은 학자들이 자신의 방식으로 지도를 고쳐 나갔으며, 정상기의 아들과 손자, 증손자 역시 끊임없이 수정을 했다. 그야말로 지도 제작의 르네상스가 펼쳐진 것이다. 그리고 그 끝에는 김정호가 있었다.

사람이 사라져 버린 인문학

사마천이 쓴 『사기史記』는 너무도 유명하여 따로 설명이 필요하지 않다. 이 책에서 가장 많이 읽히는 부분은 바로 '열전'이라고 불리는 「사기열전」이다. 중국 춘추전국시대를 살아갔던 수많은 인물 군상에 대한 생생한 서술은 2천 년이 지난 오늘의 독자들에게도 생생히 전달된다. 나는 가끔 힘들 때나 인문학에 대한 의문이 들 때면 「사기열전」의 첫 번째 글인 「백이열전伯夷列傳」을 읽곤 한다.

처음 이 글을 몇 차례 읽었을 때는 왜 조선시대의 많은 학자들이 이 글을 그렇게 높이 평가했는지 잘 이해하지 못했다. 단지 백이와 숙제라는 사람이 어지러운 세상에 저항하여 수양산에서 고사리를 캐 먹으며 절개를 지켰다는 이야기가 아닌가 했기 때문이다. 하지만 열 번,

스무 번 거듭 읽다 보니 이 길지 않은 글에 숨은 뜻이 있음을 알게 되었다. 그것은 바로 후대의 학자들에게, 그리고 역사가들에게 사명감과 동기를 부여한 것이었다.

백이, 숙제는 뛰어난 사람이었으나 공자가 그들의 덕을 알리기 전에는 무명에 가까운 인물이었다. 세상일 또한 그와 같다. 아무리 탁월한 업적을 남겼더라도 세상의 멸시를 받으며 묻히는 이가 있는가 하면, 시류를 타고 별안간 출세하는 인물도 존재하기 마련이다. 그렇다면 이를 어찌해야 하는가. 사마천은 역사가의 사명 중 하나가 바로 숨은 인물들을 재발견하는 것임을 이 열전의 첫 번째 글에서 보여 주었던 것이다.

조선이 끝나 가던 구한말, 사상의학四象醫學으로 유명한 이제마李濟馬는 이렇게 말했다고 한다.

> 조선은 왜 이리도 사람을 알아주지 않는가. 사람을 몰라 주는 것이 조선의 병폐이다!

이 말은 현재도 유효하지 않을까? 특히 나를 포함하여 인문학을 한다는 이들의 공부에서 언젠가부터 사람이 사라져 버린 것은 아닐까?

어쩌면 우리 주변에는 지금도 정상기와 같이 묵묵히 노력하는 이들이 있을 것이다. 정상기와 그의 집안이 세상에 알려지게 된 것도 이제 20여 년밖에 되지 않는다. 그리고 그들을 발굴해 내는 데에는 제주대 오상학 교수의 진심 어린 연구와 오랜 추적이 있었다. 나는 이렇게 소

외되고 묻힌 인물들이 있으며, 한편으로 그들을 발굴해 낸 진정한 학자들이 있음을 알리고 싶다. 또한 학자들의 연구는 자기만족에 그치지 않고, 이렇게 지식을 널리 공유하는 것으로 나아가야 한다는 소명의식에 다시 한번 마음을 가다듬게 된다.

고지도에 담긴 우정,
황윤석과 정철조

1768년 8월 23일의 만남

황윤석黃胤錫(1729~1791)은 이재頤齋라는 호로 잘 알려진 인물이다. 그가 오랜 세월에 걸쳐 남긴 일기인 『이재난고頤齋亂藁』는 1700년대를 살아갔던 한 지식인이 겪은 수많은 이야기가 담겨 있는 소중한 역사 자료이다. 많은 학자들이 이 자료에 관심을 가지고 연구하고 있지만, 원본이 한문 중에서도 알아보기 힘든 초서草書로 쓰여 있어 해독에 오랜 시간이 걸렸다. 이제는 활자로 정서되어 접근이 쉬워지긴 했지만, 여전히 번역본은 없는 상황이다.

이 일기는 힘겨운 해독의 과정을 충분히 보상할 만큼, 그동안 『조선왕조실록』이나 여타의 자료에서는 알 수 없었던 이야기들을 수록하고 있어 감동적이고 기쁘기까지 하다. 그 가운데 1768년 8월 23일의 일기는 마음이 따듯해지는 두 사람의 이야기로 나에게 특히 많은 영감을 주었는데, 많은 이들과 이 부분을 함께하고 싶다.

조선시대의 선비라고 하면, 왠지 고루하고 감정을 드러내지 않는 무뚝뚝한 이미지가 떠오른다. 하지만 황윤석은 자신의 일기에 다양한 감정을 드러내고 있는데, 1700년대 후반 가장 유명한 지도 제작자였던 정철조鄭喆祚(1730~1781)를 만나는 장면이 다음과 같이 묘사되어 있다.

> 아침 식사 후 당직을 마치고 나왔다. 이자용, 이윤보 형제를 차례로 방문하였다. 이윤보와 함께 붓동[筆洞]의 가장 높은 곳까지 가게 되어 참판 정운유의 집을 방문하게 되었다. 정 참판의 큰아들인 정철조와 서로 대화를 나누었는데, 본래 이윤보와 정 군은 친한 사이여서 내가 (자신의 집에) 왕림해 줄 것을 요청했다 한다. 정 군이 말하길 "오래도록 선생님의 명성을 우러르며 한번 만나 뵙길 원하였는데, 지금 어찌 먼저 왕림해 주셨는지요!"라 했다. 내가 그의 나이를 물어 보니 경술년(1730년) 생이라고 하였다.

정철조라는 인물은 지도보다는 벼루와 그림으로 널리 알려진 인물이다. 심지어 자신의 호를 '벼룻돌에 미쳤다'는 의미로 '석치石癡'라고 할 정도였으니 말이다. 사람이 살아가는 것은 예나 지금이나 마찬가지여서, 고수는 고수를 알아보는 법이다. 같은 서울에 살고 있는 황윤석의 지식이 높다는 소문을 듣고 정철조가 중간에 다리를 놓아 만나게 된 것이었다. 황윤석이 말하는 붓동은 현재의 서울시 중구 필동을 말하는데, 나는 정철조의 집이 어디쯤에 있었을까 하고 답사를 다녀 보았다. 옛 지도와 짐작을 통해 추정하는 것이지만, 현재 남산 한옥마을 뒤편쯤일 듯하다.

두 사람 모두 지도만 만든 것은 아니었다. 그러기에는 능력이 너무도 탁월했다. 그러나 당시 사람들은 그들의 가치를 몰라주었다. 그런 울분에 찬 두 천재가 처음 만났던 기록이 일기에 오롯이 담겨 있다. 그들은 요즘 세상처럼 예의나 격식을 차리면서 '간'을 보는 시간마저 생략한 듯하다. 인사를 나누고는 곧장 학문에 대한 질문을 서로에게 끊임없이 쏟아 냈다.

> 정 군은 또한 옛 그림에도 재주가 있었는데, 자신이 그린 화초 그림 서너 폭을 꺼내어 보여 주었다. 또한 〈동국팔도지도〉를 보여 주었는데, 내가 가지고 있는 것과 비슷했다. '백리척' 기법으로 제작된 것이었고, 본래는 정항령의 아버지(정상기)가 제작한 것이었는데, 근래에 정철조 본인이 증수하고 더욱 정교하게 수정하였으며, 장차 치밀하게 만들려 한다 하였다.

살다 보면 언젠가는 이런 만남이 있게 마련이다. 아주 짧지만 굵은 인연. 만나자마자 서로 대화가 통해 시간 가는 줄 모르고 대화를 나누는 날들. 시간이 지나고 나면 괜스레 쑥스러워 얼굴이 붉어지기도 하지만, 그 경험만은 결코 잊고 싶지 않은 인연. 옛사람이라고 다르

26. 정철조, 정후조 형제가 제작한 〈조선팔도지도朝鮮八道地圖〉. 18세기 후반. 서울대학교 규장각 한국학연구원 소장.

정상기가 제작한 〈동국지도〉를 바탕으로 더욱 상세하게 제작한 전국 지도로, 도별 지도 중 황해도 지역 부분이다. 정상기 집안의 〈동국지도〉에 비해 수록된 지리 정보가 대폭 늘어나 지도 속에 여백이 없을 정도인데, 두 지도를 비교해 보면 형태는 동일하지만 내용에서 차이가 있음을 알 수 있다. 이러한 형태의 지도를 정상기 집안의 하동정씨 지도와 구별하기 위해 '해주정씨본' 또는 '해주신본' 계통이라고 부른다.

겠는가.

이날 이후, 둘은 가끔 안부를 주고받으며 우정을 나누게 된다. 하지만 정철조는 너무 일찍 세상을 떠나고 말았다. 얼마나 안타까운 죽음이었는지, 친구 박지원은 반어법을 사용하며 그의 죽음을 비통해했다.

> 살아 있는 석치라면 함께 모여 곡도 하고, 함께 모여 조문도 하며, 함께 모여 욕도 해 대고, 함께 모여 비웃기도 하련마는 … 이제 석치는 진정 죽었구나! 석치는 죽었다.
>
> — 석치 정철조의 죽음에 대한 박지원의 제문•

모두가 슬퍼할 법한 천재의 죽음이었다. 아직도 더 그릴 그림이, 더 만들 벼루가, 지도가, 책이 산더미였으나 그는 떠나 버렸다.

자신의 저술을 남기지 않은 대다수의 인물들이 그렇듯이 정철조라는 사람에 대한 기억도 시간이 지나면서 사라져 갔다. 김정호는 〈대동여지도〉를 만들기 이전 〈청구도〉라는 지도를 만들었는데, 그 서문에서 가장 뛰어난 조선의 지도 제작자 세 명을 언급하면서 정철조의 이름을 기록했다. 하지만 사람들은 정철조가 누구이며 무슨 지도를 만들었는지 알 수 없었다. 기록은 너무 깊숙이 있었고, 우리의 관심은 얕은 물가에서 부유했기 때문이다.

• 안대회, 『조선의 프로페셔널』(휴머니스트, 2007) 중에서.

황윤석, 자신의 지도에 친구를 기록하다

정철조가 지도를 제작한 인물이었으며, 김정호의 위대한 유산인 〈대동여지도〉를 만들 수 있도록 징검다리 역할을 했다는 사실은 최근에야 알려졌다. 20여 년 전 오상학 교수의 열정이 없었다면 그가 만든 지도도, 기록들도 더 오래 묵으며 눈 밝은 이를 기다려야 했을 것이다.

그렇다면 어떤 자료 덕분에 이러한 확인이 가능했을까. 앞에서 언급했지만 1700년대에는 정상기를 비롯해 하동정씨 일가에서 제작한 지도가 큰 발전을 이루었다. 그리고 정철조, 정후조 형제가 이러한 형태의 지도에 지리 정보를 대폭 늘려 상세하게 만들었는데(도판 26), 그들이 해주정씨라서 이 지도들을 '해주신본海州新本'이라고 칭한다. 이러한 제작의 자세한 내막과 정철조라는 사람의 헌신 등 모든 것을 기록하고 있는 글이 있었기에 이러한 사실이 알려질 수 있었다. 바로 규장각에 소장된 〈팔도지도〉이다.(도판 27)

이 지도의 여백에 빽빽하게 써 놓은 글에는 정철조에 대한 기억과 함께 이 글을 쓴 황윤석의 호 '이재頤齋'가 또렷이 적혀 있다.(도판 28) 먼저 떠난 친구 정철조와 그의 지도에 대한 기록을 잊지 않고 전한 것이다. 검객이 무예로, 학자가 논문으로 자신의 존재를 표현하듯, 황윤석은 죽은 친구의 가치를 그가 사랑하는 지도 위에 기록해 놓았다.

그리하여 2백 년간 잊혔던 사람이 세상에 다시 나올 수 있었고, 이야기의 시작은 1768년 8월 23일의 첫 만남이었다. 살아 있을 때는 물

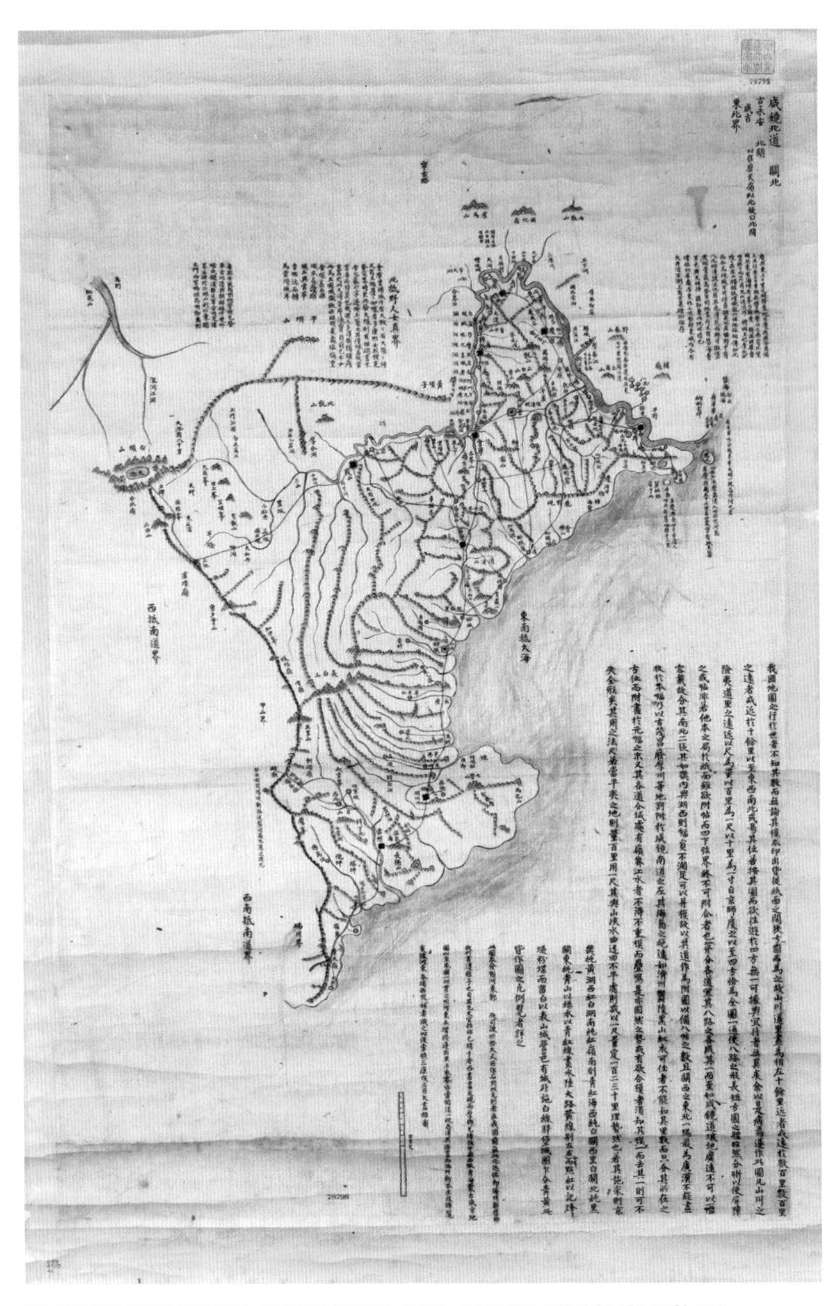

27. 황윤석이 제작한 〈팔도지도〉 중 '함경북도 지도'. 1790. 서울대학교 규장각 한국학연구원 소장.
〈동국지도〉 계통의 전국 지도이다. 황윤석은 이 지도의 여백에 빼곡히 글을 적었는데, 기존 지도의 일반적인 설명글과는 달리, 자신의 친구 정철조의 지도 제작에 대해 기록했다.

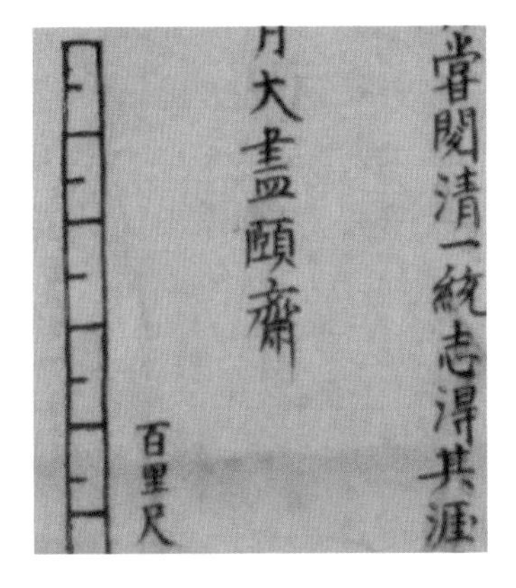

28. 황윤석이 제작한 〈팔도지도〉 중 '함경북도 지도' 여백의 기록 세부. 글 끝에 제작자인 자신의 호 '이재頤齋'를 써서 자신이 제작한 것임을 밝혀 두었다.

론이고 세상을 떠난 뒤에까지 친구의 능력을 진심으로 인정해 주는, 이러한 모습이 어쩌면 진짜 우정이 아닐까.

숨은 보석,
규남 하백원

2백 년 전에 구상한 자동 양수기

규남圭南 하백원河百源은 1781년에 전라도 화순에서 태어나 1845년에 세상을 떠난 인물이다. 훗날 사람들에게는 여암 신경준, 존재 위백규, 이재 황윤석 등과 함께 호남을 빛낸 실학자로 알려져 있다. 그의 생애를 살펴보면 상당히 독특한 이력들을 만날 수 있다. 그는 수학과 과학에 심취하면서 때로는 그림을 그려 화첩을 만들기도 했고, 세계지도와 조선전도를 손수 만들기도 했으며, 농사의 편의를 위해 자동 양수기를 제작하기도 했다. 그야말로 다방면에 걸쳐 재능이 뛰어난 사람이었다. 관직에 있으면서 고지식함 때문에 모함을 받고 귀양살이를 하기도 했는데, 하루는 그가 기계를 구상해서 스케치하기 시작했다. 바로 자동으로 논에 물을 대 주는 자승차自乘車

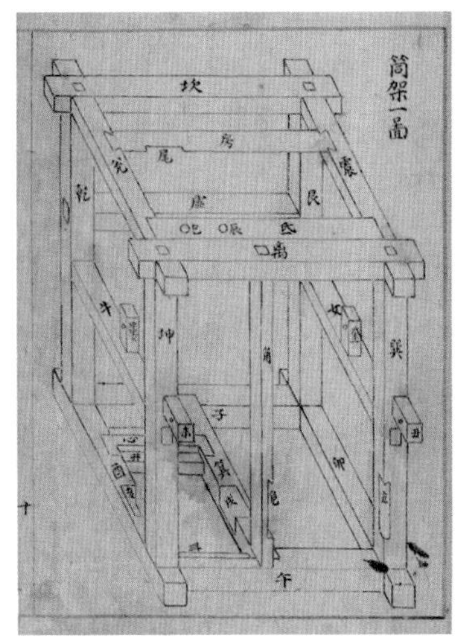

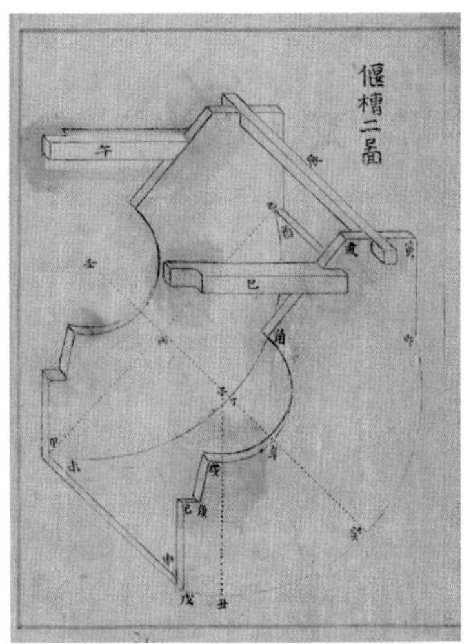

29. 하백원의 『자승차도해』에 실린 '자승차 구상도'. 1810. 규남박물관 소장.

였다.(도판 29)

하백원은 자신이 알고 있는 과학 지식이 실제 삶에서 좀 더 쓸모있게 사용되기를 원했던 사람이었다. 믿기 힘들겠지만, 그가 유배를 떠나게 된 죄목 중에는 '자명종과 같은 서양 과학 기구를 사용한 괴이한 술수'라는 항목도 있었다. 그야말로 세상과의 불화였다. 세상과 등지고 그저 자신만의 세상에서 살 수도 있었겠지만, 그의 머릿속에는 조선 농민의 농사를 선진화시킬 방안이 구상 중이었다. 비록 실제 농사에 그의 발명품이 적용되지는 못했으나, 그가 남긴 『자승차도해自乘車圖解』라는 상세한 설명서를 통해 그의 마음을 짐작할 수 있다.

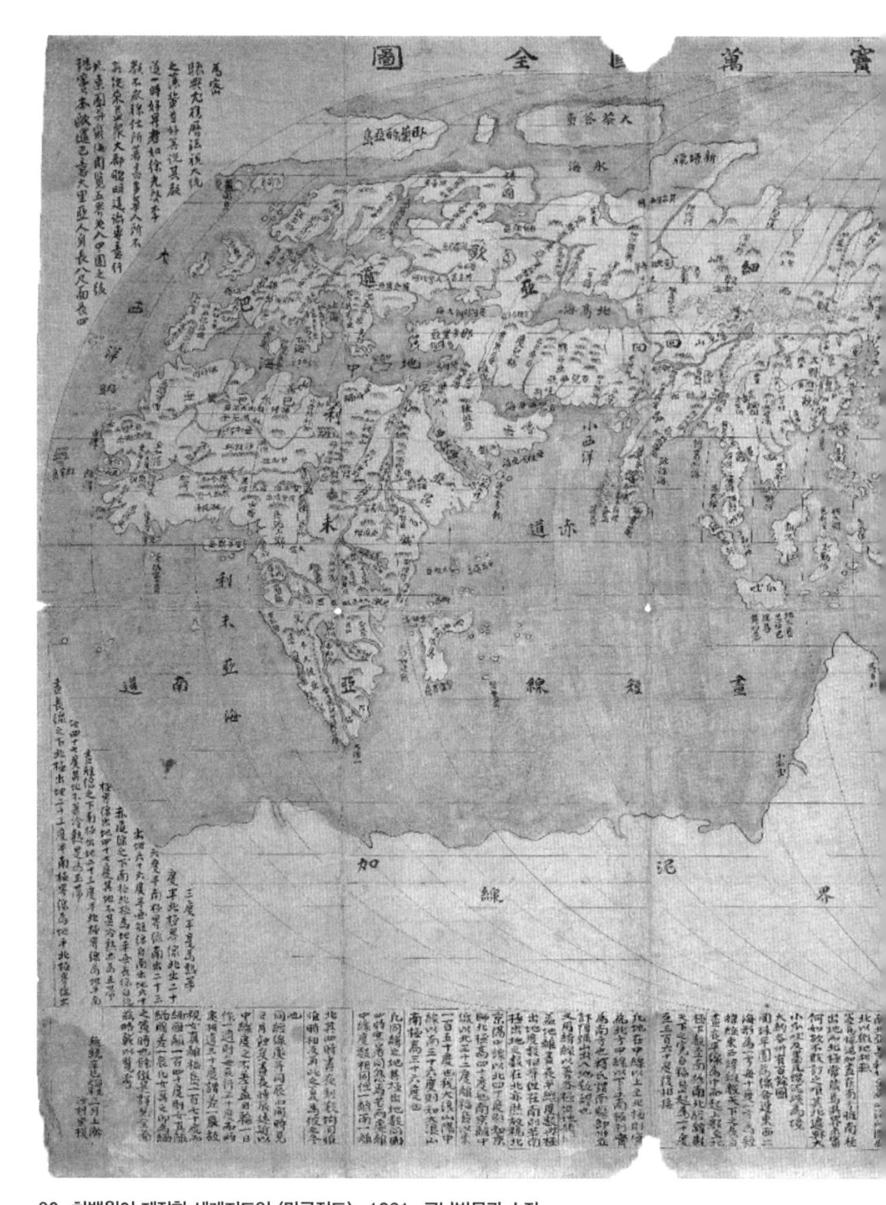

30. 하백원이 제작한 세계지도인 〈만국전도〉. 1821. 규남박물관 소장.

중국에 온 이탈리아 선교사 줄리오 알레니Giulio Aleni가 1623년 간행한 『직방외기職方外紀』에 실린 〈만국전도〉를 바탕으로 그린 지도로 추정된다. 5대양 6대주를 타원형으로 그리고, 각 지역에 지명을 기록했으며, 여백에는 북극과 남극, 회귀선, 마테오 리치의 원구도설圓球圖說, 오대륙 등에 관한 설명이 빼곡하게 담겨 있다.

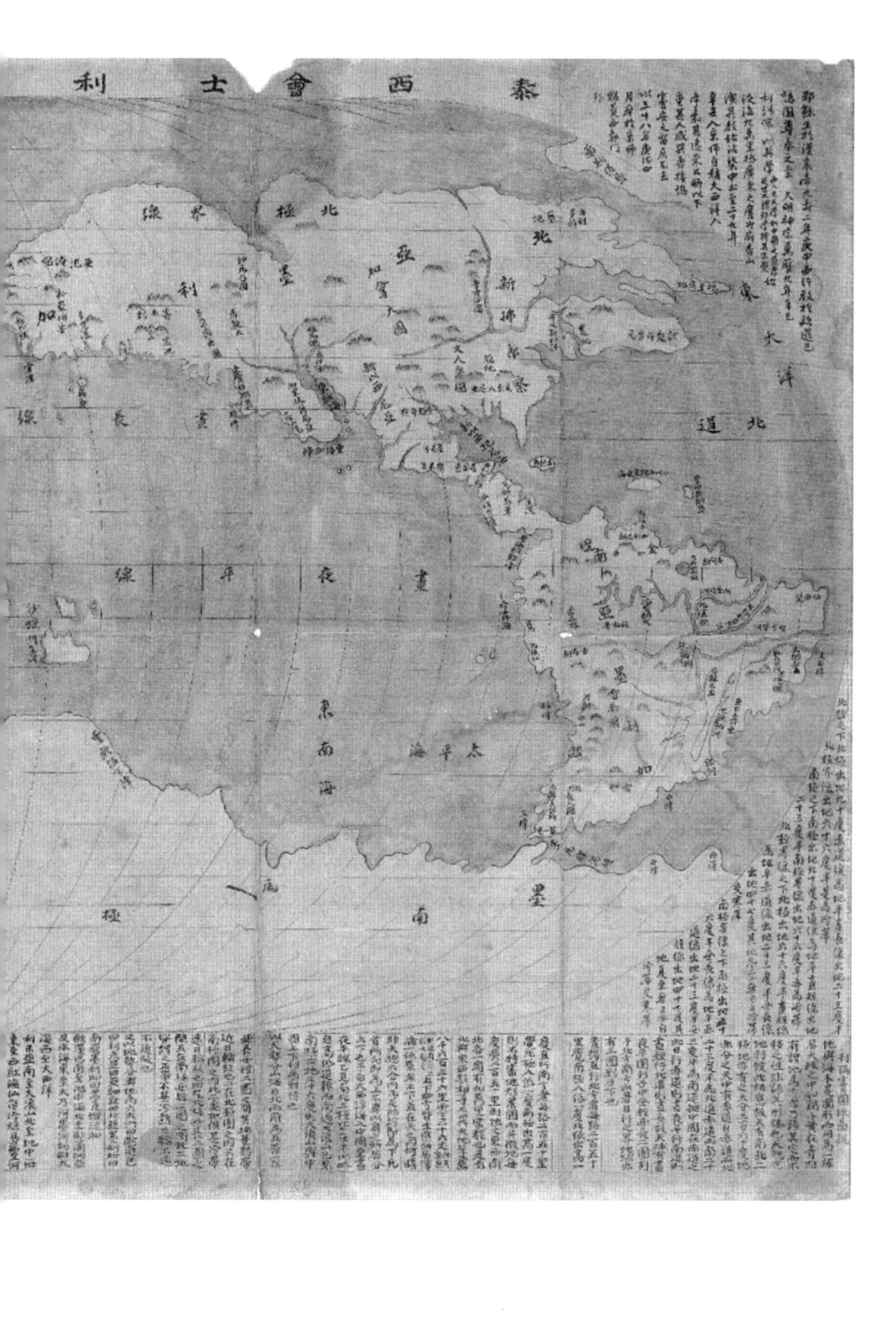

泰西會士利
北極界線
晝長線
晝夜平線
東南海
太平海
東大洋

묵묵히 옮겨 그린 세계지도

시대를 앞서가는 지식인은 외로울 수밖에 없다. 자신의 이야기에 동조해 줄 사람들은 너무 멀리 있거나, 아직 태어나지도 않았을지 모르기 때문이다. 추사 김정희, 다산 정약용과 같은 위대한 학자도 그 같은 절대 고독을 느꼈을 것이다. 그네들의 삶이 얼마나 질곡 속에 고달팠는지는 많은 독자들도 잘 알고 있으리라.

예전에 들었던 이야기가 생각난다. 낙서를 예술의 경지로 끌어올렸다는 미국의 천재 화가 장 미셸 바스키아Jean-Michel Basquiat가 하루는 답답한 나머지 자신의 버팀목이었던 앤디 워홀Andy Warhol에게 심정을 토로했다고 한다. 그러자 워홀이 다음과 같이 대답했다. "너의 작품을 이해해 줄 사람은 아직 태어나지도 않았다고!"

조선시대의 천재들도 그랬을지 모르겠다. 백 년, 2백 년이 지나서야 새삼 조명을 받고 박물관이 세워지며, 그들의 붓 한 자국, 글씨 몇 자가 국보가 되기도 하니 말이다.

하백원은 지도를 그리는 데에 심취했던 것으로 보인다. 현재 그를 기리는 화순의 규남박물관에는 하백원이 직접 옮겨 그린 세계지도인 〈만국전도萬國全圖〉(도판 30)와 한반도 지도인 〈동국전도東國全圖〉(도판 31)가 소장되어 있다. 책을 베껴 적는 것도 아닌, 지도를 옮겨 그려 낸다는 것은 수준 높은 미적 감각 없이는 어려운 일이다. 그럼에도 전라도 화순이라는 남쪽 지역에서 세계지도와 조선 지도를 그려 낸 그의 심정은 무엇이었을까. 나로서는 감히 그러한 마음을 헤아리지

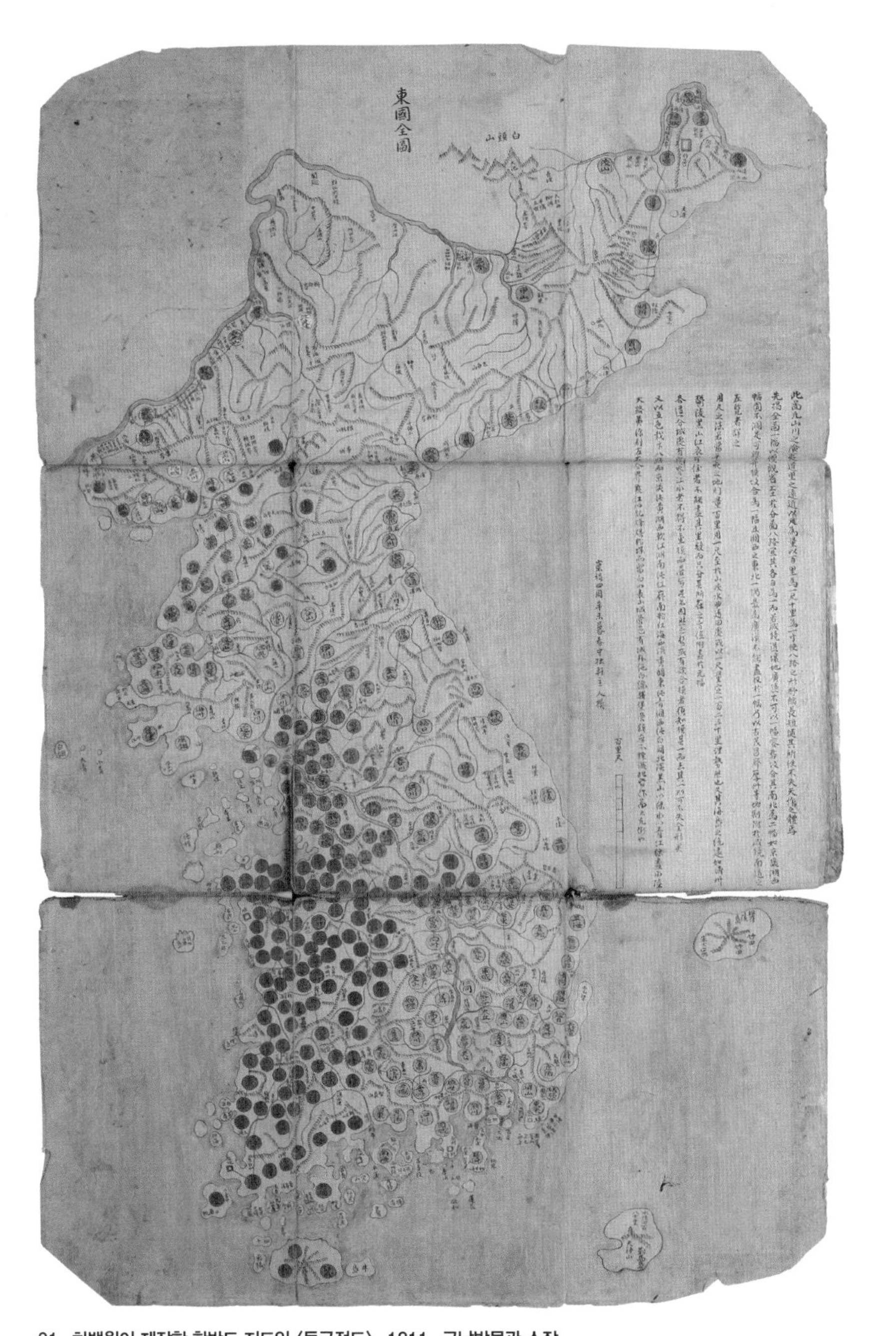

31. 하백원이 제작한 한반도 지도인 〈동국전도〉. 1811. 규남박물관 소장.

전도 1폭, 팔도 8폭, 모두 9폭으로 이루어져 있다. 정상기의 지도를 바탕 삼아 제작한 것으로, 윤곽이 정밀하고, 산천이 아름답고 조화롭게 채색되어 있다.

못하겠다.

아마도 한양에서 멀리 떨어진 남쪽 화순에서 세상이 알아주지 않는 자신을 보며 이 지도들을 통해 위안을 받았을지 모르겠다. 한양이 아무리 조선의 중심에 있어 봤자, 세계지도에서 보면 중국 동쪽 끝에 있는 작은 나라일 뿐이요, 세상은 이렇게도 넓으니 오히려 마음이 편안해졌을지도 모른다. 그리고 절대적인 진리의 길만이 그 모든 것을 초월할 수 있다는 생각으로 마음을 다잡고 다시 자신의 길을 걸었을지 모르겠다.

마음으로 세상을 아우르네

불교의 경전인 『금강경』에는 '처일진 위육합處一塵圍六合' 이라는 말이 나온다. 뜻을 풀이하자면, "티끌처럼 작은 곳에 머물면서도 그 뜻은 온 세상을 아우른다."라는 것이다. 바로 하백원 같은 사람에게 어울리는 말이다. 그는 조용히 자신의 공간에 머물며 세상을 바라보았다. 그가 그리던 세상은 분명 엘리트의 위선으로 가득 찬 세계가 아닌, 사람이 우선이 되는 세상이었을 것이다.

뛰어난 발명가이기도 했던 하백원은 중국의 옛 고사를 보고 '계영배戒盈杯'라는 술잔을 만들었다고 한다. 계영배란 '술이 넘치는 것을 경계하는 술잔'이라는 뜻이다. 이 술잔은 '사이펀 원리Siphon Principle'를 이용한 것으로, 술잔의 70%가 넘게 술을 채우면 모든 술이 바닥의

구멍으로 쏟아지는 구조이다. 단순한 장난감 같은 발명품이라고 할 수도 있지만, 그가 이 술잔을 직접 제작하면서 추구했던 생각은 깊고도 따스하다. 바로 끝도 없이 늘어나기만 하는 우리들의 욕심을 경계하라는 의미가 담겨 있기 때문이다. 적절하게 중용의 미덕을 지키자는 뜻이 술잔 하나에서도 느껴진다.

1896년,
민영환의 세계 일주

을사늑약에 항거하여 자결한 민충정공

1905년 11월, 민영환閔泳煥(1861~1905)은 일본이 조선의 외교권을 박탈하는 모욕적인 을사늑약에 항거하여 스스로 목숨을 끊었다. 이후 민충정공閔忠正公으로 추증된, 구한말 관료의 양심을 대변했던 민영환.(도판 32) 그의 죽음 이후 피어났다고 전해지는 혈죽血竹의 전설만큼이나, 그의 삶은 격변기를 살아간 한 인물을 신비하게 보여 준다. 현재는 충신으로만 알려져 있지만, 그가 조선에서 최초로 세계 일주를 했던 인물이라는 사실은 많이 알려지지 않은 듯하다. 이 여행은 민영환의 삶에 많은 변화를 가져오는 계기가 되었다고 알려져 있다.

당대의 세평에 따르면, 젊은 시절의 그는 장원급제와 집안의 권세

32. 충정공 민영환.

로 오만한 모습을 보였다고 한다. 하지만 러시아 황제의 대관식을 위해 떠났던 6개월간의 세계 일주는 이후 그를 다른 사람으로 변모시켰다. 근대화를 추구하며 우국지사가 되었던 그의 삶에서 이 6개월의 세계 여행은 중요한 계기가 되었던 것이다.

그렇다면 그와 수행원들은 120여 년 전 과연 어떤 경로로 조선에서 모스크바까지 이동했을까?

6개월의 여정, 신선한 충격

1894년 12월 러시아의 새로운 황제 니콜라이 2세가 즉위했다. 이에 따라 1896년 5월 대관식이 예정되어 있었는데, 고종은 축하사절단으로 민영환을 선발하여 모스크바에 사신으로 보낸다. 당시 조선의 어지러운 정세를 타개하기 위해서라도 대관식 참석은 중요한 임무였고, 민영환은 통역인 윤치호 등과 함께 먼 길을 떠나게 되었다. 모스크바행은 이전 사신들이 북경까지 갔던 것과는 비교도 되지 않을 만큼 먼 거리였다. 당시에는 아직 시베리아 횡단철도가 완성되지 않았기에, 민영환과 일행은 지금의 항로와는 반대 방향으로 출발해, 요

코하마에서 태평양을 건너 미국과 유럽을 거쳐 모스크바로 가는 길을 택하게 된다.(도판 33)

지금도 태평양이나 대서양을 건너는 비행기를 타는 것은 10여 시간이 걸리는 긴 여정인데, 당시 기차와 증기선을 이용하여 움직였던 민영환은 얼마나 많은 고초와 새로운 경험을 했을 것인가. 다행히 민영환은 이 사행길의 과정을 담은 『해천추범海天秋帆』이라는 책을 후대에 남겨놓았다. 이 책에는 당시 민영환과 그 일행이 각 지역을 방문하면서 느꼈던 문화적인 충격, 그리고 공업화와 도시화가 진행된 서구 열강의 모습에 대한 감회가 사실적으로 기록되어 있다.

어렵게 태평양을 건넌 민영환 일행은 캐나다 밴쿠버의 한 호텔에 머물게 되었다. 그런데 거기서 본 엘리베이터에 대한 첫인상이 상당히 충격적이었는지 그에 대해 상세히 기록하고 있다. 또한 이런 물건이 조선에도 도입되어야 한다는 의견도 덧붙이고 있다.

이후 그들은 미 대륙을 횡단하는 기차를 타고 뉴욕에 도착한다. 1890년대 당시에도 뉴욕에는 이미 3백만 명이 넘는 인구가 살고 있었다. 민영환 일행은 밴쿠버와는 비교할 수 없을 정도로 번화한 시가지의 모습에 큰 충격을 받았던 것 같다. 이렇게 서구의 발전상을 거듭 목도한 경험은 민영환이 개화를 적극적으로 주창하게 되는 시발점이 되었다. 조선에서는 장원급제와 고속 승진으로 부러울 것 없었던 젊은 관료였으나, 세상이 이토록 넓다는 것을 책이 아닌 몸으로 직접 느꼈으니, 세상을 바라보는 관점이 변모할 수밖에 없었을 것이다.

몇 년 전 학회 발표를 위해 뉴욕에 들른 적이 있었다. 그때 맨해튼

33. 민영환 사신 일행의 세계 일주 이동 경로.
이 경로는 민영환이 남긴 『해천추범』의 내용에 따라 작성한 것이다. 사신 일행은, 특명전권공사 민영환, 수행원 자격으로 함께한 학부협판 윤치호, 2등 참서관 김득련, 3등 참서관 김도일, 그 밖에 손희영(민영환의 심부름꾼), 스타인(통역 겸 안내를 맡은 러시아인) 등이었다. 일행은 서울을 출발하여 56일 만에 모스크바에 도착했고, 대관식 참가 후 러시아 측의 권유로 러시아의 근대 시설을 두루 둘러보며 시베리아를 경유해 귀국했다. 이때는 아직 시베리아 철도가 완공되지 않았기에, 철도와 마차 또는 내륙의 강줄기를 따라 선편을 이용하는 등 순탄치 않은 귀로였다.

마천루의 압도적인 위용과 고풍스런 거리들을 보면서 갑작스레 백여 년 전의 민영환이 떠올랐다. 텔레비전과 영화로 이미 뉴욕의 모습을 많이 접했던 나도 실제 뉴욕의 모습에서 상당한 충격을 받았는데, 민영환과 윤치호 일행은 과연 어떤 느낌이었을까.

뉴욕을 떠난 민영환 일행은 대서양을 건너 유럽에 도착했고, 다시 여러 국가를 거쳐 최종 목적지인 모스크바에 도착하게 된다. 성대한 대관식에 참가하고 여러 지역을 둘러본 후 귀국길에 오르게 된 이들은 처음 왔던 길이 아닌 시베리아를 횡단하여 블라디보스토크로 가는 길을 택했다. 그리하여 민영환과 사절단 일행은 장장 6개월 20일이라는 시간이 걸려 말 그대로 지구를 한 바퀴 일주한 것이다. 모든 것이 새로웠을 경험을 뒤로한 채 민영환 일행이 다시금 마주한 조선의 모습은 어떤 느낌이었을까.

구한말의 조선인들, 세상을 바라보다

조선이라는 오래된 나라를 생각할 때면 애증의 시선이 교차한다. 구한말의 모습만을 본다면 한없이 시대착오적으로 보이기도 하지만, 그 이전까지 분명 이 나라는 동아시아 문화와 철학의 선두주자였기 때문이다. 여러 폐단이 있었음에도 5백여 년의 시간을 지속할 수 있었던 것은 그 기저에 분명 어떤 힘이 있었기 때문이다.

앞에서도 말했듯 조선 후기까지도 대다수의 민중들이 이해하던 세상은 〈천하도〉와 같은 상상 속의 모습이었다. 조선 전기보다도 오히려 지리 지식이 쇠퇴한 듯 보이는 이 지도에는 점차 세상과의 교류를 닫아 가는 쇄국의 모습이 비치는 듯하다.

물론 일부 학자들은 세상이 이러한 형태가 아니라는 것을 이전부터 인지하고 있었다. 최한기崔漢綺(1803~1877)는 중국의 자료를 활용하여 지구본을 제작하고, 〈지구전후도〉 같은 지구본을 만들기도 했다.(도판 34) 그러나 그런 지도가 사람들에게 어떻게 다가갔을지는 미지수이다. 자신이 평생 가 볼 일이 없을 거라고 생각하는 외국의 모습에는 별다른 관심 없이 무시로 일관했을지도 모를 일이다.

민영환도 모스크바에 가기 전에 훨씬 상세한 세계지도를 보고 조선의 위치를 인식하고 있었을 것이다. 하지만 직접 가 보는 것과 방 안에 앉아 지도를 보는 것은 실로 천지 차이였을 것이다. 지도상에서는 손가락 한 마디의 거리가 실제로는 며칠을 달려가야 하는 거리일 수도 있으며, 평평해 보이기만 하던 지역에 수많은 하천과 협곡이 굽이굽이 자리 잡고 있기도 하다. 게다가 지도에서는 사람을 볼 수 없으므로 밴쿠버나 뉴욕, 런던, 모스크바를 직접 보며 받았던 민영환의 충격을 우리는 조금이나마 상상해 볼 수 있다.

민영환의 이후 행적은 개화를 위한 헌신의 과정이었다. 그것은 마치 젊은 날 오만했던 자신의 모습을 참회하는 것과 같은 진정성 있는 모습이었다. 그런 와중에 반대파들에게 밀려 한직으로 좌천되기도 했으며, 결국 을사늑약의소식을 듣고 자결을 결심하게 된다. 민영환은 죽기 전에 모두 3통의 유서를 남겼는데, 그중에서 백성에게 남긴 아래의 글은 지금도 음미해 봄 직하다.

> 아아! 나라의 수치와 백성의 욕됨이 여기까지 이르렀으니, 우리 인민은 머지않아 생존 경쟁 중에 모두 다 죽어 버리겠구나. 무릇 살기를 바라는 자는 반드시 죽고 죽기를 각오하는 자는 살아날 것인데, 여러분은 어찌 헤아리지 못하는가? 영환은 다만 한 번 죽음으로써 황제의 은혜에 보답하고, 우리 2천만 동포 형제에게 사죄한다. 영환은 죽되 죽지 아니하고, 구천에서도 여러분을 도울 것을 약속한다. 바라건대 우리 동포 형제들은 억천만 배 더욱 분발하여, 의지를 굳건히 하고, 학

34. 최한기가 제작한 〈지구전후도〉. 1834. 숭실대학교 한국기독교박물관 소장.

목판본으로, 구대륙을 전도前圖(오른쪽), 신대륙을 후도後圖(왼쪽)로 하여 동서 양반구로 그렸다. 크기는 전도, 후도 각각의 지름이 37.3cm이다. 남북과 동서의 경위선을 각각 18등분했고, 남북 회귀선과 극권을 그려 넣었으며, 태양의 고도와 관련된 24절기가 지도상에 기록돼 있다. 이 지도는 서구식 세계지도의 대중적인 보급이라는 점에서 의미가 있다. 이규경의 『오주연문장전산고』에 '최한기 중간重刊', '김정호 각수刻手'라고 기록되어 있다.

地球前圖
歐
邏
巴
亞
細
亞
利
未
亞
65604

문에 힘쓰며, 마음과 힘을 합하여 우리의 자유와 독립을 회복한다면, 죽은 자는 마땅히 어두운 저승에서라도 기뻐 웃으리다. 아, 조금도 희망을 잃지 말라! 우리 대한제국 2천만 동포에게 작별하며 고하노라.

— 민영환의 유서 중에서

사람은 자신이 살아가는 장소가 얼마나 작으며, 세상이 얼마나 넓은지 인식하지 못한 채 살아간다. 인생을 모험 속에 맡기고 바다와 같은 세상에 뛰어든 자만이 그러한 진실을 깨달을 수 있을 것이다.

민영환에게 세계 일주는 본래 외교가 목적이었지만, 그 이후 모든 것이 변해 버렸다. 마치 프로스트의 시 「가지 않은 길」의 한 구절처럼 말이다.

지금부터 오래오래 어디에선가
나는 한숨지으며 이렇게 말하겠지
숲속에 두 갈래 길 나 있었다고, 그리고 나는 —
나는 사람들이 덜 지난 길 택하였고
그로 인해 모든 것이 달라졌노라고•

• 로버트 프로스트 외, 손혜숙 엮고 옮김, 『가지 않은 길』, 창비, 2014.

『최척전』의 사연, 그리고 옛사람들의 동아시아 인식

최척과 옥영의 기구한 인생사

조선시대 소설 중 『홍길동전』, 『춘향전』, 『구운몽』 같은 유명한 작품은 한 번쯤 읽어 보거나 들어 봤을 것이다. 하지만 그다지 접해 보지 못한, 덜 알려진 소설들 중에도 진흙 속의 진주처럼 고요히 빛을 내는 작품이 있다. 그중 하나가 이 글에서 이야기하려는 『최척전崔陟傳』이다.(도판 35)

『최척전』이라는 소설이 있다는 사실과 대략적인 내용은 알고 있었지만, 내가 실제로 책을 읽게 된 것은 비교적 근래의 일이었다. 그런데 책의 마지막 장을 덮고 나자 한참이나 멍하니 하늘을 바라보게 되었다. 사람의 인생이란 게 어찌 이리도 기구하단 말인가.

물론 허구의 이야기지만, 이렇게 짜임새 있는 소설이 이미 4백 년

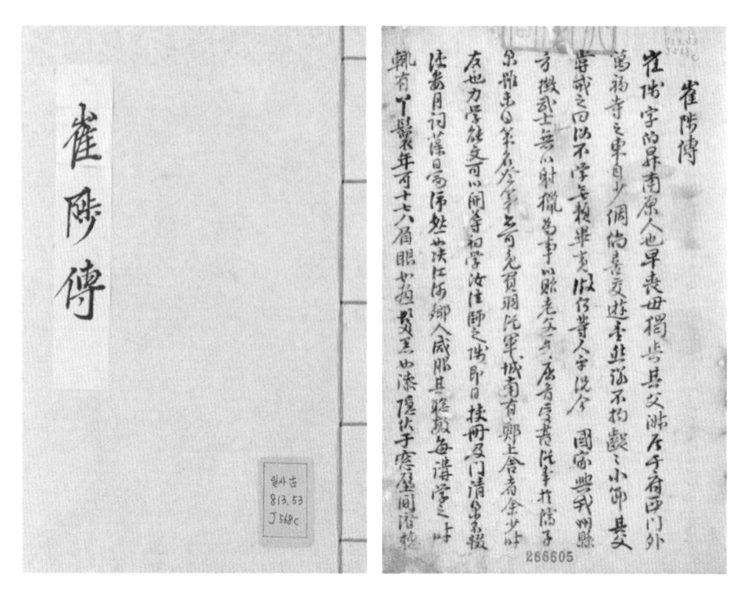

35. 조위한의 『최척전』 표지와 내지. 1621. 서울대학교 규장각 한국학연구원 소장.

전에 완성되었다는 것에 놀라움을 금할 수 없었다. 이보다 후대에 제작된 소설들이 오히려 무협지처럼 지나치게 과장된 이야기를 들려주는 반면, 이 소설은 임진왜란 이후부터 청나라의 침입 이전까지의 어수선한 세월 속에서 정말 있을 법한 사실을 서술하고 있다. 『최척전』은 하 수상한 세월의 풍파 속에서 민초들의 삶이 얼마나 서글펐는지를, 그리고 사람의 마음이란 시공간을 초월하여 모두 비슷하다는 점을 다시금 우리에게 일깨워 준다.

작자 조위한趙緯韓(1567~1649)은 이 이야기를 쓰게 된 경위를 소설의 끝에 기록해 놓았는데, 이는 이야기의 시작을 알리는 대목 같기도 하다.

> 아! 부모 자식, 부부, 시아버지와 장모, 형제 등 온 식구가 네 나라에 흩어져 20여 년간 한스럽게 살았고 적의 나라에 살면서 위험한 상황을 몇 차례나 겪었지만, 마침내 다시 모여 화목한 가정을 이루었으니 과연 뜻대로 되지 않은 일이 하나도 없도다! 이 어찌 사람의 힘으로 될 일이겠는가! (…)
>
> 내가 남원 주포에 살고 있을 때 최척이 때로 찾아와 자기가 겪었던 일을 말해 주며 그 사연을 기록해 달라고 부탁하였다. 내 그가 겪은 기이한 일이 혹시 잊히거나 잘못 전해질까 염려하여 대략 줄거리를 기록하였다. 1621년 2월에 조위한 쓰다.
>
> —『최척전』 중에서•

행복을 원하고 살기를 바라는 것은 예나 지금이나 인지상정이다. 하지만 세상사는 원하는 대로 이루어지지 않기에, 우리는 늘 이상과 현실 사이에서 괴리감을 겪는다. 아마도 부조리라는 것은 그러한 상황을 지칭하는 말이리라.

최척은 본래 남원 사람으로, 아버지의 권유에 따라 글을 배우러 간 집에서 아름다운 여인(옥영)을 보고 사랑에 빠진다. 둘은 서로의 마음을 확인한 후 결혼하게 되고, 이후 행복한 결혼 생활을 보내며 첫 아이 몽석을 얻는다. 그러나 1597년 일본이 다시 조선을 침입하는 정유재란이 일어나고, 최척은 피란길에서 아내와 아들 몽석을 잃어버리

• 글 권혁래, 그림 장선환,『최척전 · 김영철전』, 현암사, 2005.

게 된다. 최척은 명나라 여유문에 의해 좋은 평가를 받아 함께 중국으로 건너간다. 이후 중국을 유람하기도 하며 다른 삶을 살아가던 최척은 주우라는 친구와 함께 배를 타고 무역 일을 하면서 이곳저곳을 떠돌게 된다.

한편 최척의 아내 옥영은 남장을 한 상태에서 포로로 붙잡혀 살아 있었다. 돈우라는 일본군 병사의 포로가 되었는데, 그는 옥영을 죽이지 않고 자신의 집안일과 무역 일을 돕도록 부탁한다. 일반적인 임진왜란 이야기에서는 일본군의 잔학한 면모만 부각되는 것에 비해, 『최척전』은 당대에 쓰인 책이면서도 일본인 병사 중에도 인간적이고 착한 사람이 있다는, 상당히 파격적인 설정을 보여 준다. 옥영과 돈우는 어느 날 무역을 위해 멀리 안남, 지금의 베트남에 이르게 된다.

이 무렵 최척도 안남에 무역을 하러 들르게 되고 울적한 심정에 평소 자신이 부르던 노래를 피리로 연주하는데, 저 멀리 정박한 배에서 그에 맞추어 조선말로 시를 읊는 소리가 들려온다. 이 시는 신혼 시절 옥영이 지었던 것으로, 두 사람은 설마 하는 심정에 다음 날 서로를 찾아 나서고, 결국 재회하게 된다. 하지만 이러한 헤어짐과 만남의 과정은 아직 끝이 아니었다.

두 사람은 이후 중국에 정착하여 다시 아들을 낳았는데 꿈에서 신선을 보았다 하여 몽선이라 이름 지었다. 첫째 아들 몽석은 이미 이 세상 사람이 아니라고 생각했으므로, 몽선을 아끼는 그들의 마음은 더욱 컸다. 시간이 흘러 어느덧 몽선은 성인이 된다. 이때 동네에 살던 홍도라는 중국 아가씨가 몽선과의 혼인을 간곡히 부탁하는데, 그

곡절 역시 안쓰럽다. 그의 아버지가 임진왜란 당시 명나라 군대로 조선에 출정하여 생사를 알 수 없게 되었기에, 조선 사람과 결혼한다면 언젠가 아버지가 묻힌 땅을 가 볼 수 있지 않겠느냐는 것이었다. 홍도의 깊은 뜻에 최척 일가는 그녀를 며느리로 맞이하고 다시 삶은 계속된다.

이후 1618년, 최척은 군대를 따라 나중에 청나라가 되는 후금의 세력을 막기 위해 만주에서 전투를 벌이다 포로가 된다. 포로수용소에서 몇 개월이 지나면서 안면을 익힌 한 젊은이에게 자신의 기구한 인생사를 말하게 되었는데, 놀랍게도 그 청년이 바로 자신이 잃어버린 첫아이 몽석이었다. 포로로 재회한 두 사람은 천신만고 끝에 탈출하여 조선 땅에 도달하지만, 심한 병에 걸린 최척은 생사를 헤매게 된다. 이때 침술을 할 줄 아는 나그네의 도움으로 간신히 고비를 넘겼는데, 통성명 끝에 그가 며느리 홍도의 아버지임을 알게 된다.

한편 중국에 머물고 있던 아내 옥영과 며느리 홍도, 그리고 아들 몽선은 아버지가 돌아오지 않자 마음을 굳게 먹고 조선 땅으로 건너가기로 결심한다. 그리하여 작은 배를 타고 조선으로 출발한 그들은 해적을 만나고 배가 난파되는 등 천신만고 끝에 조선에 도착하여 남원에 이른다. 30년 전의 옛 동네 모습이 그대로인 것을 보고 회한에 젖었는데, 최척의 옛집을 보고 혹여나 하여 방문하게 된다. 문을 여는 순간 최척과 옥영, 두 아들, 그리고 홍도와 그 아버지 진위경은 극적으로 상봉한다. 너무나도 기이한 이 사실을 남원 부윤이 임금께 고하고, 그들 모두는 남원에서 오래도록 머물며 여생을 마친다는 이야기다.

조선의 동아시아 인식

『최척전』에는 동아시아의 다양한 지명들이 등장한다. 조선을 비롯해 일본, 중국, 베트남, 만주 지역에 이르는 지리적 요소들을 작자 조위한은 어떻게 이해하고 머릿속에 그렸을까. 조위한이 살던 시기에 제작되었던 지도들을 살펴보면 그 실마리를 찾을 수 있다. 『최척전』이 인간적인 희로애락을 섬세하게 표현하면서도 현실적인 지리 관념을 담고 있었던 것은, 조위한도 그와 비슷한 경험을 했기 때문일 것이다. 실제로 그 역시 전란을 통해 가족을 잃었으며, 중국으로 떠날 결심을 한 적도 있었다. 그러나 그는 소설처럼 행복한 재회는 못 했는데, 그래서 그의 간절한 바람이 최척의 이야기에 투영된 것이리라.

조위한이 이 책을 쓸 때인 1621년에는 세상을 둥근 원형의 세계로 인식하는 〈천하도〉라는 지도가 유행하기 시작했다. 한국, 중국, 일본 정도를 제외하고는 허구의 세상으로 그려진 이 지도는 그 부정확성에도 불구하고 매우 오랫동안 민간에 유통되었는데, 핵심은 중국을 중심으로 하는 세상의 구성이었다.

하지만 일부 지식인 계층에서는 이미 세계의 모습을 정확하게 인지하고 있었다. 이탈리아 선교사로 중국에서 활발한 활동을 펼친 마테오 리치의 〈곤여만국전도〉라는 훌륭한 지도가 1600년대 초에 제작되었고, 조선에도 유입되었기 때문이다. 마테오 리치는 중국의 시선을 의식하여 의도적으로 중국을 중심에 넣었는데, 이렇게 소극적인 중

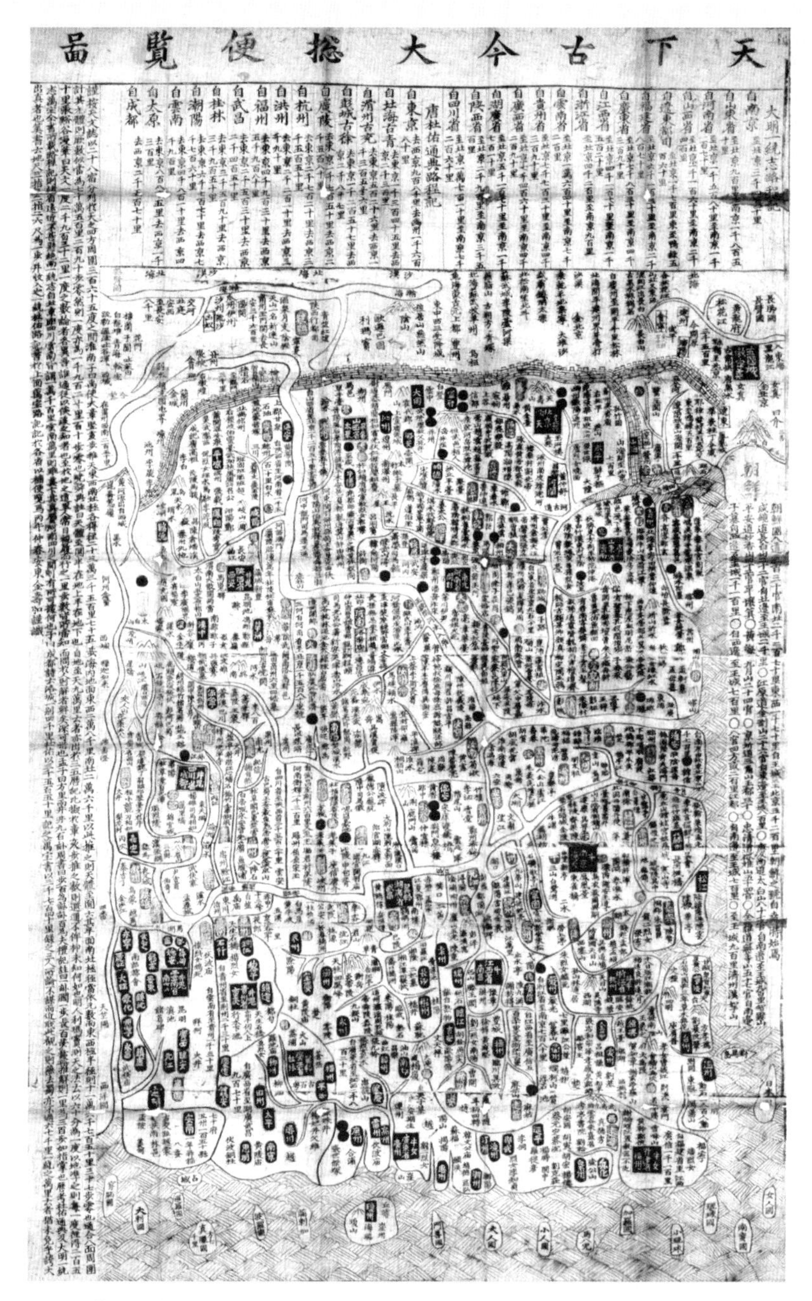

36. 김수홍이 제작한 〈천하고금대총편람도〉. 1666. 숭실대학교 한국기독교박물관 소장.

목판본 중국 지도이다. 황하, 양자강, 만리장성이 강조돼 있고, 주요 지명과 그곳의 역사적 사실을 기록하여 역사지리지歷史地理志를 겸하고 있으며, 천문과 관련된 28수宿를 해당 지역에 표시해 놓은 것이 특징적이다.

국 중심의 세계 인식은 조선인이 그린 세계지도에서 더욱 뚜렷하게 나타난다.

조위한보다 한 세대 후인 1666년 김수홍金壽弘이 제작한 〈천하고금대총편람도天下古今大總便覽圖〉라는 긴 이름의 지도를 보자.(도판 36) 이 지도는 제작자와 제작 시기를 알 수 있는 몇 안 되는 지도라는 점에서도 중요한 의미가 있는데, 주목할 점은 당시 지식인들이 인식하는 천하가 중국과 조선으로 한정되어 있다는 점이다. '천하'라는 이름을 내세우고는 있으나 정작 중국만을 거대하게 그렸으며, 각 지역마다 중요한 역사적 사실 등을 빼곡하게 적어 눈이 아플 정도이다. 『최척전』에도 다양한 중국의 지명이 등장하는데, 당대 지식인들에게는 조선의 역사와 지명보다 중국의 역사와 지명이 더 친숙하게 여겨졌는지도 모르겠다.

이번에는 조금 시간이 지난 청나라 시기에 중국에서 제작된 지도 한 장을 살펴보자. 〈대청일통일천하전도大淸一統一天下全圖〉(도판 37)인데, 이 역시 중국 중심의 세계를 명확하게 보여 준다. 이들에게는 측량을 통한 지리적 사실보다도 중국을 중심으로 하는 관념의 세계가 더 중요했던 것이다. 이미 1600년 초에 마테오 리치가 알려 왔던 아메리카 대륙과 거대한 아프리카는 어디로 갔는가. 이러한 변화는 연구되어야 할 과제인 동시에, 한두 문장으로 풀이될 수 없는, 그 안에 담긴 수많은 복합적인 원인과 현상을 이해해야 풀릴 문제이다.

여하튼 이 지도를 자세히 보면 각 지역 간의 항해로가 선으로 그려져 있다. 동아시아에서 특별히 신항로가 개척되지 않았다면 일본-안남, 중국-안남-조선 등을 오갔을 소설 주인공의 여정을 이해하는 데에도 큰 도움이 되는 자료다.

민중은 결국 살아남는다

시절이 하 수상하다. 어제도 그러했고 오늘도 그러했다. 이 표현은 비단 최근의 말만은 아니다. 공교롭게도 병자호란이 끝난 후 척화파로 심양에 끌려갔던 김상헌金尙憲이 지은 시조의 한 구절이기 때문이다.

가노라 삼각산아 다시 보자 한강수야
고국산천을 떠나고자 하랴마는
시절이 하 수상하니 올 동 말 동 하여라

언제나 그랬지만 힘든 시절 그 모든 세파를 오롯이 감내하는 것은 민중의 몫이었다. 그들은 전쟁을 하자고 한 적도 없고, 당쟁으로 이 당, 저 당을 몰아내자고 외친 적도 없었다. 세상은 위정자들의 뜻에 따라 움직였다. 그리하여 그들이 남겨 놓은 세상을 바라보라. 임진왜란, 병자호란, 한국전쟁에서 백성은 어디에 있었으며 정치가들은 어디로 피신하였던가. 『최척전』에서 다루는 30년간의 인생사는 기이하다 못해 처절하기까지 하지만, 이것이 비단 4백 년 전 어느 한 사람에

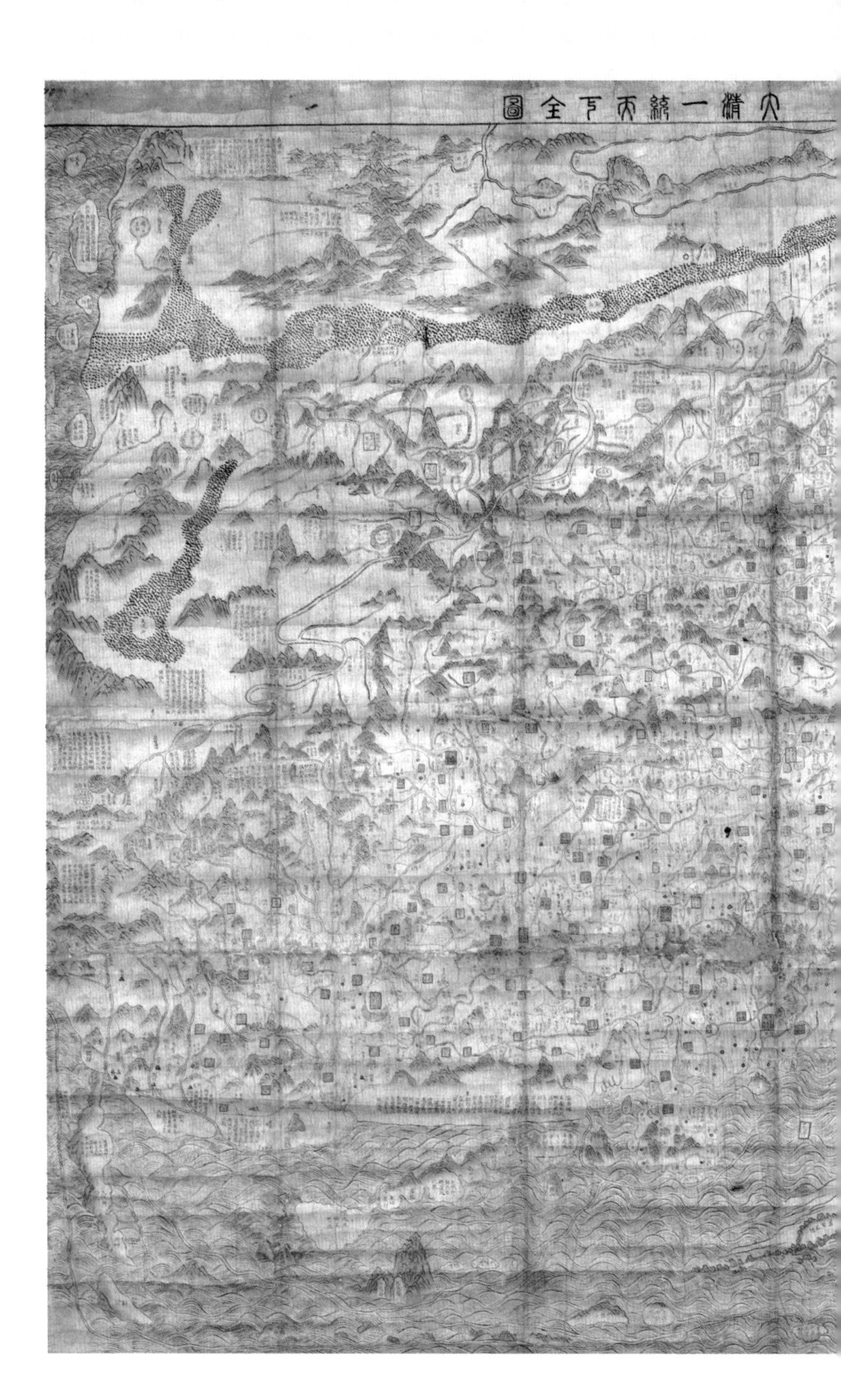

大淸一統天下全圖

37. 〈대청일통일천하전도〉. 19세기 전반. 서울대학교 규장각 한국학연구원 소장.

청나라 왕일양이 간행한 〈대청만년일통천하전도大淸萬年一統天下全圖〉(1814)를 저본으로 하여 조선에서 다시 옮겨 그린 지도이다. 중국을 중심으로 제작한 세계지도로, 명나라 말에 마테오 리치 등의 선교사가 제작한 세계지도보다 오히려 객관적 형태가 퇴보된 모습이다. 유럽의 국가들이 표기되어 있긴 하나, 실제 세계 지표면의 모습을 반영했다기보다는 중화사상에 입각하여 중국을 세계의 중심에 거대하게 그려 넣는 형태로 제작했다.

게 일어났던 운수 나쁜 이야기라고 치부할 수만은 없다. 현재를 살아가는 우리 역시 한 명의 국민으로서 시절에 따라 불어오는 슬픔이 우리를 비켜 가지 않으리라는 것을 알기 때문이다.

하지만 그토록 연약해 보이는 민중들은 결국 살아남는다. 최척과 그의 아내가 살아남은 것처럼, 혹은 조위한이 붓끝으로 살아나게 만든 것처럼 최후의 승리자는 그들이 될 것이다. 그러나 너무 많은 이들이 힘들어야 했고 너무 오랜 시간이 걸렸던 것은 아닌가.

지금 이 시점에서 『최척전』을 다시 한번 펼쳐 본 것은 희망을 얻기 위해서였다. 아무리 자세히 들여다보아도 지도에는 사람이 보이지 않는다. 하지만 그 안에는 분명 사람의 흔적이 존재한다. 그리고 세상은 흙과 땅만으로 이루어져 있는 것이 아니라 사람과 사람이 만들어 가는 것임을 다시 한번 생각하게 된다.

1638년,
몽골에서 소를 수입하다

불행은 연이어 찾아온다

우리는 역사를 배울 때 보통 정치의 역사를 공부하게 된다. 즉 어떤 왕조, 무슨 왕 시절을 통해 역사를 보는 것이다. 물론 특정 왕의 치하에서 어떤 일이 있었는가를 보는 것도 역사를 배우는 방법이다. 하지만 그런 관점으로는 잘 보이지 않아서 알려지지 않은 역사도 분명 존재한다. 예를 들면 질병이나 재난에 대한 역사는 관련 연구자나 특별히 관심을 두는 이가 아니라면 정보를 얻기가 쉽지 않다.

17세기, 그러니까 1600년대의 조선은 끊임없는 불행의 연속이었다. 임진왜란이 끝나고 찾아온 청나라의 두 차례 침공, 그리고 그 사이사이에 수없이 일어났던 전염병, 기근, 수해와 수많은 가축을 몰살시킨 구제역에 이르기까지, 당시 사람들의 고난이 어떠했을지 짐작조차 하기 어렵다. 그 시절 유난히도 정치적 투쟁이 격렬했던 까닭은 환경의 황폐함이 사람의 마음에도 영향을 미쳤기 때문은 아닐까.

잘 알려진 바와 같이 조선은 농업을 중심으로 운영되었던 국가였다. 농업을 망치게 되는 가뭄, 수해, 냉해 등이 발생하면 국가의 세수입은 막대한 타격을 입게 된다. 당시에는 상업을 장려하지 않았기에 무역을 통해서 돈을 충당하는 것도 한계가 있었다. 그나마 인간의 힘으로 제어해 볼 수 있는 재해는 사정이 나은 편이었으나, 농사의 근간이 되는 소와 말에 대한 구제역은 말 그대로 국가의 사활이 달린 문제였다. 그렇기 때문에 제주도나 몇몇 지역에는 국가적 차원에서 말을 기르는 목장이 있었다. 〈목장지도〉(도판 38)는 전국의 목장에 대한 상세한 정보를 지도 형태로 제작한 것으로, 이를 통해 국가적 관심이 높았음을 알 수 있다.

정묘호란이 끝나고 청나라가 다시 쳐들어올 것이라는 흉흉한 소문이 돌던 1636년 8월 15일, 평안도에서 다음과 같은 전갈을 보내왔다.

> 평안도 전역에 우역牛疫이 크게 퍼져서 살아남은 소가 하나도 없습니다.

이후의 암울한 전개를 예고하는 내용치고는 참으로 담담한 문장이었다. 이후 구제역은 남으로 황해도를 점령하더니 기어이 한양 근교에서도 쓰러지는 소들이 발생하기 시작했다. 아직 조정에서는 사태의 심각성을 파악하지 못한 모양으로, 논의 끝에 소의 도축을 자제하여 개체 수를 보존하자는 미봉책을 제시하고 만다. 그리고 겨울이 지나 봄이 될 때까지 이에 대한 기록은 나타나지 않는다. 그렇다면 구제역은 진정되었을까? 실상은 전혀 다른 쪽으로 흐르고 있었다. 그사이에 구제역에 대해 신경 쓸 겨를조차 없을 혼란이 닥쳐왔기 때문이다. 청나라의 2차 침공, 즉 1636년 겨울에 병자호란이 시작되었다.

1637년 봄이 되고 사대부들이 오랑캐라 부르던 이들과 강화조약이 체결된 이후, 조선은 예전으로 돌아간 듯 보였다. 사람들은 다시금 생업으로 돌아가 농사 지을 준비를 하려 했다. 하지만 구제역은 끝난 것이 아니었다. 눈을 감고 외면해도 현실이 사라지는 것은 아니지 않던가.

현재로서는 구제역으로 인한 당시의 피해를 정확하게 알기 어렵다. '전멸'이라든지 '열에 하나만이 생존'과 같은 단어로 그 맹위를 짐작할 수 있을 뿐, 정확한 수치를 알 수 없기 때문이다. 다만 제주도에서 몇천 마리의 소를 임시로 들여와 변통해 보자는 의논이 있었던 것을 보면, 그 몇 배의 희생이 있었음이 확실해 보인다. 애초에 조선 조정에서는 그나마 소가 넉넉하다는 삼남 지방에서 소를 구매하여 평안도와 황해도로 보내려고 계획했다. 하지만 시시각각 도착하는 장계(보고)는 그 지역들마저도 역병이 퍼지고 있음을 알려 올 뿐이었다. 결국, 제주도에 있는 소에 조선의 운명이 달리게 된 셈이었다.

당시 왕과 신하들이 논의했던 제주도 소의 육지 이송 대책을 보노라면 답답한 마음을 금할 길이 없다. 제주에는 소가 넉넉했지만, 정작 그들을 운송할 배가 부족했던 것이다. 여러 공론이 오가다가 중국이

正色圖
正色馬二十一匹
鐵靑驄
紫騮馬
連錢驄
白松古羅
赤者佛
白加里溫
烟雪阿
五明馬
靑加羅
仇郞馬
赤多者者
黃古羅
騮巨割
葡萄者佛
公骨馬
烏騮馬
淡加羅
表赤多台星
女妓淵
中浪浦
堰浦
新村
豆毛浦
箭串

38. 〈목장지도牧場地圖〉 중 첫 장. 1663. 보물 제1595-1호. 국립중앙도서관 소장.

전국 138개 목장 소재지 지도에 목장 면적, 소·말·목자牧子·감목관監牧官의 통계 등이 기록되어 있다. 위 그림 '진헌마정색도進獻馬正色圖'에는 21마리의 진헌마進獻馬(중국 황제에게 예물로 바치던 준마)가 원색으로 그려져 있는데, '뚝섬[纛島]', '신촌新村', '광나루[廣津]', '중랑포中浪浦' 등의 지명이 있는 것으로 보아 그 장소는 도성 근방으로 보인다.

나 대마도에서 소를 사 오자는 의견도 나왔으나 여러 이유로 무산되고 만다. 결국 최종적으로 제주의 소들을 육지로 이송해 오는 것으로 방책이 결정되었다. 하지만 너무도 더딘 공급이었고, 육지의 상황은 악화일로였다.

"오랑캐의 땅에 가서 소를 사 오라"

1637년이 끝나 갈 즈음에는 몽골 지역에 소가 풍부하므로 무역을 통해 소를 들여오자는 획기적인 제안이 논의되기 시작했다. 실록이나 몇몇 사료들에는 언급이 거의 없지만, 이 과정에서 병자호란으로 심양에 억류되어 있던 소현세자昭顯世子 일행이 적지 않은 도움을 준 것으로 보인다. 그들이 심양에 머물면서 조선 조정에 보낸 서류들인 「심양장계瀋陽狀啓」에 관련 내용이 등장한다.

좋은 결정 이후에도 여전히 문제는 남아 있었다. 소를 살 돈이 부족했던 것이다. 가난한 조선 조정은 몽골인들과 어떻게 무역을 하여 소를 사 올지 고민했다. 결국 당시 재배하기 시작한 담배와 소를 교환하자는 계획을 세우게 된다. 하지만 당시 몽골에서는 조선과 같이 담배가 유행하지도 않았고, 피우는 이도 없었다. 또 길목을 지키고 있는 청나라에서는 담배의 폐해를 익히 알고 있었기에 사신단이 담배를 가져가는 것을 금하고 있었다. 결국 사신단은 몰래 담배를 숨겨 몽골에 간 것으로 보인다.

이 막중한 임무를 맡은 이는 성익成釴이라는, 비변사備邊司의 낭청郎廳으로 근무하던 관리였다. 말이 좋아 실무자를 파견했다고는 하지만, 종6품의 하급 벼슬아치를 대표로 보낸 것은 아무리 생각해도 좋은 그림이 아니다. 청나라 관리의 행패와 억지스러운 교역의 책임을 말단 관리에게 맡겨 버린 셈이었다. 그 당시 고관대작들은 뒷짐을 지고 어디에 있었을까.

그러나 성익은 불가능한 듯 보이는 임무를 성공리에 마치고 돌아왔

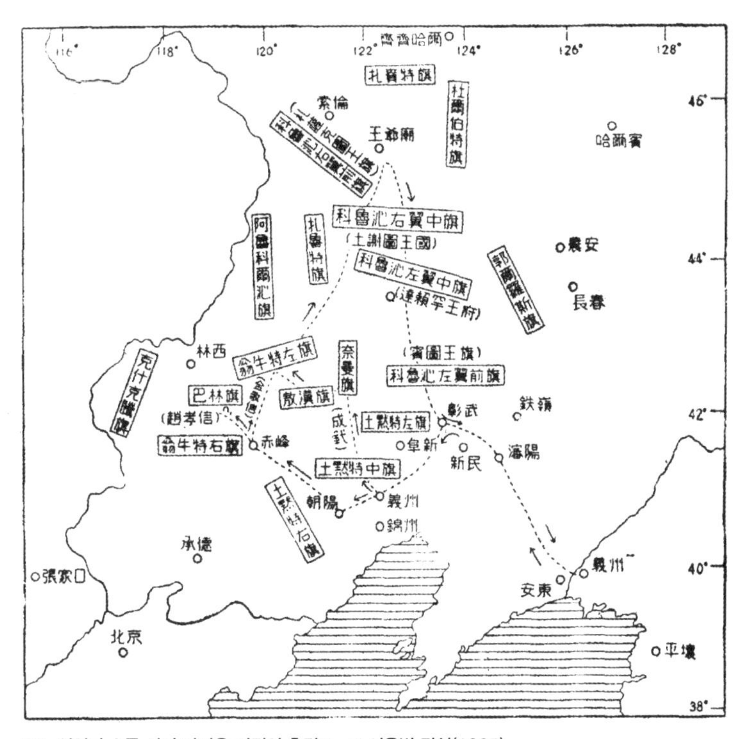

39. 성익이 소를 사러 다녀온 여정의 추정도. 고 이용범 작성(1965).

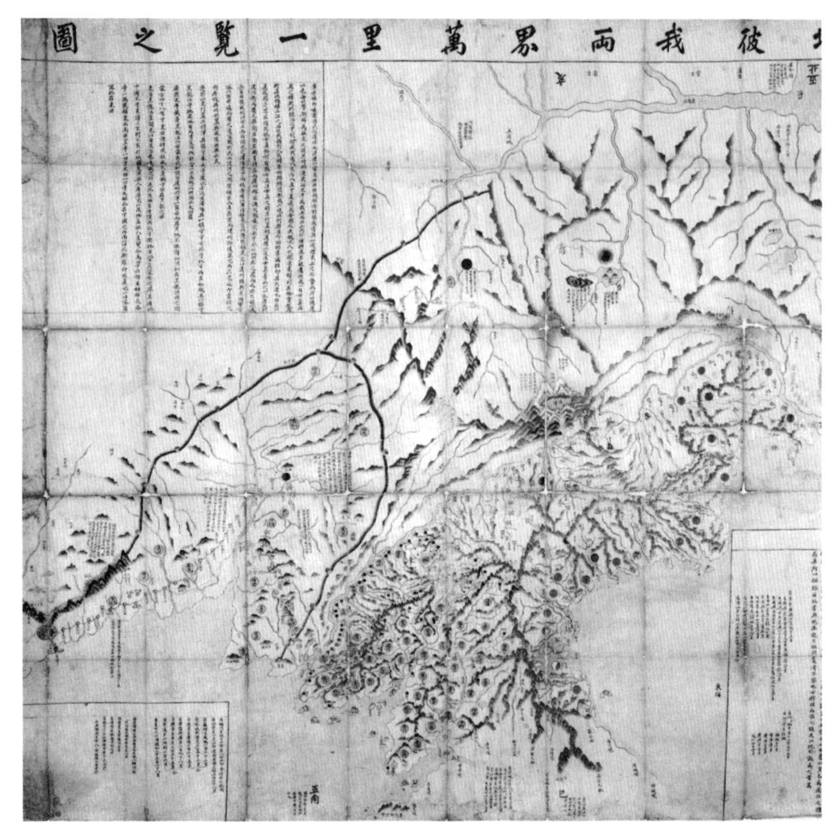

40. 〈서북피아양계만리일람지도 西北彼我兩界萬里一覽之圖〉. 18세기 중반. 보물 1537-1호. 국립중앙도서관 소장.

북경까지는 아니지만, 조선의 북쪽 지역과 만주 일대의 지형 등 군사 지역을 상세히 기록한 지도이다. 긴 이름에 이 지도의 의미가 모두 담겨 있는데, 풀이해 보면 '조선 서북 지역의 저들(청나라)과 우리(조선) 양쪽 변경 만 리에 이르는 지역을 한눈에 살펴볼 수 있는 지도'라는 뜻이다. 아래는 이 지도 중 백두산 부근의 세부이다.

다.(도판 39) 181두頭. 그가 두 차례나 몽골에 가서 얻어 온 소의 머릿수였다. 몇천 마리가 필요한 당시 조선으로서는 초라한 수치였을 것이다. 어쩌면 상관들은 그에게 면박을 주었을는지도 모르겠다. 하지만 그와 일행들은 애초 2백 마리가 넘는 소 가운데 181마리를 살려서 평안도와 황해도에 배분하는 임무를 완수했다. 탁상공론으로 전전하던 조정에서는 아직 백 마리의 소도 제주에서 육지로 배치시키지 못한 시점이었다. 성익이 돌아올 때까지도 제주도에서 들여온 소들은 2차 감염 때문에 목장에 갇혀 있는 상태였다. 『조선왕조실록』 1638년 6월 9일의 기사는 성익이 어떻게 몽골에 가서 소를 사 왔는지 다음과 같이 간략하게 기록하고 있다.

비국 낭청 성익이 소 무역의 일로 몽골에 들어가다

비국 낭청 성익이 소를 무역하는 일로 몽골蒙古에 들어갔다. 심양에서 서북쪽으로 16일을 가서 오환 왕국烏桓王國에 도달했고, 3일 만에 내만 왕국乃蠻王國에 도달했다. 또 동북쪽으로 4일을 가서 도달한 곳이 자삭도 왕국者朔道王國이었고, 북쪽으로 가서 3일 만에 몽호달 왕국蒙胡達王國에 도달했고, 또 동쪽으로 가서 투사토 왕국投謝土王國, 소토을 왕국所土乙王國, 빈토 왕국賓土王國에 도달했다. 소 181두를 사 가지고 돌아왔는데, 평안도 열읍列邑에 나눠 주어 농사짓는 데 도움이 되게 하라고 명하였다.

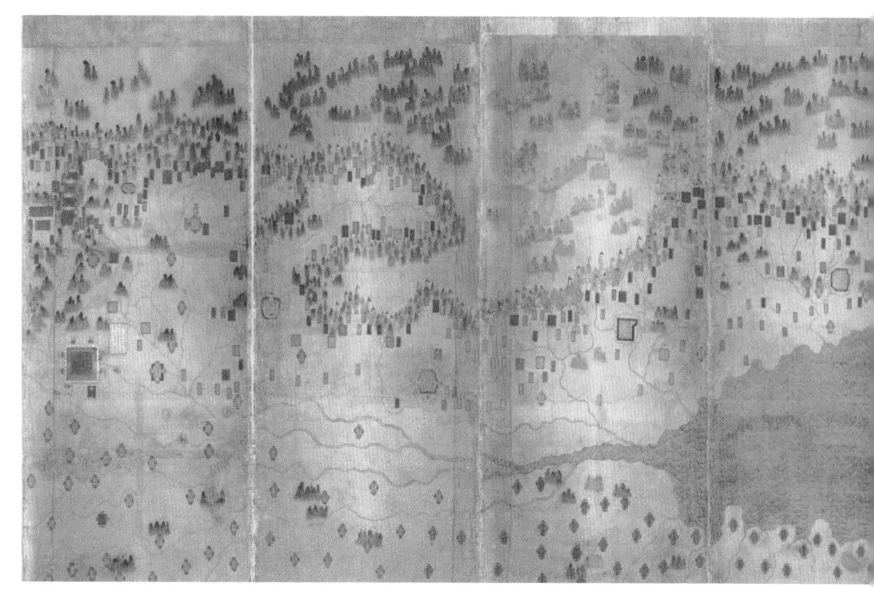

41. 〈요계관방지도遼薊關防地圖〉 부분(위) 및 세부(아래). 1706. 서울대 규장각 한국학연구원 소장.

병자호란과 청나라 건국 이후 조선에서는 북방 지역에 대한 군사 목적의 지도를 다수 제작했다. 그중 하나인 〈요계관방지도〉는 조선의 평안도 지역에서 시작하여 만주, 북경에 이르는 전 지역의 군사 요충지와 지형을 그린 대형 지도이다. 제목의 '요'는 요동遼東을 뜻하며, '계'는 계주薊州 즉 북경을 뜻한다. '계'는 춘추전국시대 연燕나라의 수도로 북경에 해당하는데, 북경을 의도적으로 고대 연나라 수도인 계로 쓴 것은 은연중에 담긴 청나라에 대한 적개심을 보여 준다. 아래는 이 지도 중 의주~요동 부근의 세부이다.

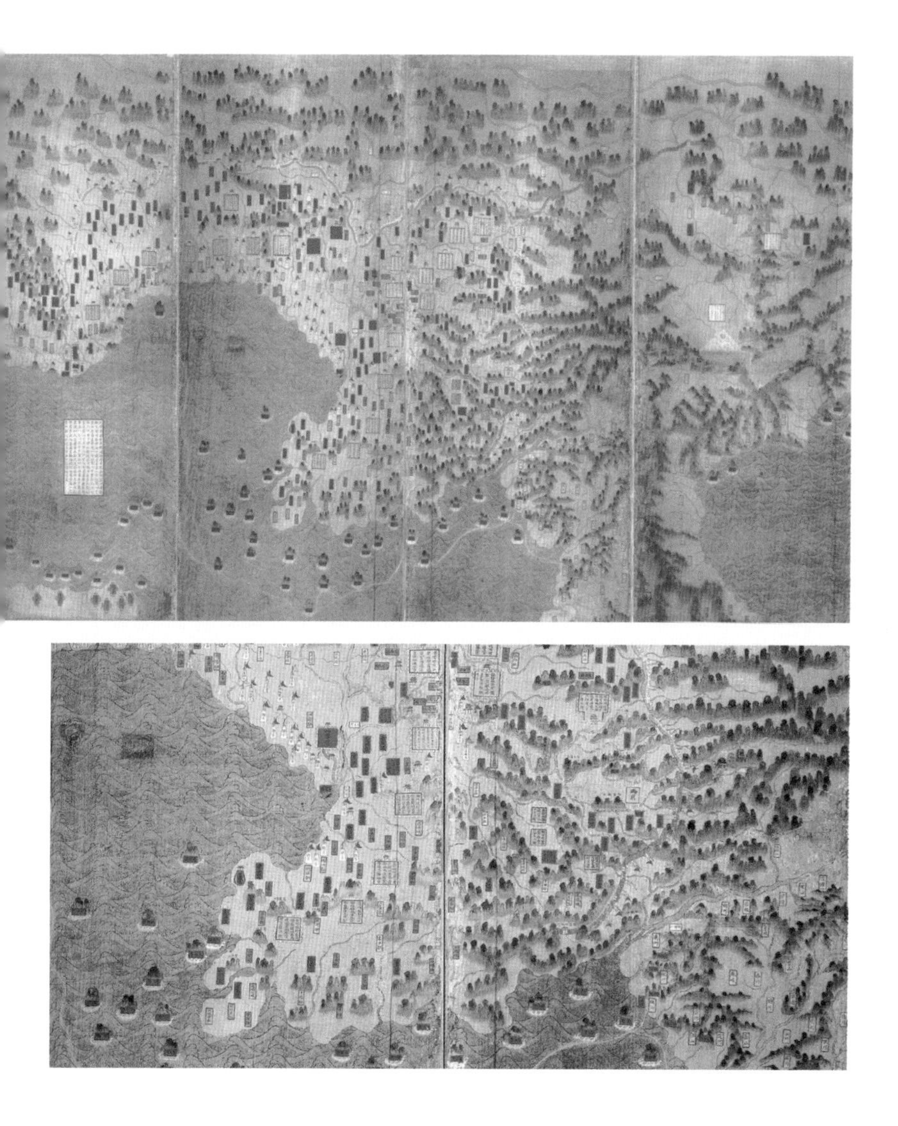

그리고, 삶은 계속된다

우리도 조류인플루엔자, 구제역, 그리고 코로나를 겪어 보았기에 이 이야기가 와닿을 것이다. 우리의 현실을 돌아보게도 해 주지만, 역사 속에서 사라져 간 이들을 기억하는 계기도 된다. 그들이 들여온 2백 마리가 채 못 되는 소들이 조선 전체를 구제할 수는 없었을 것이다. 그러나 성익 일행이 겪은 반년간의 고생은 역사책에 구구절절 서술되어 있지 않더라도 짐작이 가고도 남지 않는가.

앞 페이지 두 장의 지도는 성익이 활동하던 1600년대가 아니라 1700년대에 제작된 것이다.(도판 40, 41) 북방의 영토에 대한 긴장 관계와 여러 저간의 사정으로 인해, 조선은 여러 차례 매우 상세한 북방의 국경 지도를 제작했다.

그 옛날 이 지도의 길을 따라 담배와 소를 교환해 온 자들이 있었다. 본의 아니게 몽골 지방에 담배를 전파한 역할까지 맡게 된 사람들이었다. 이들이 당시 다녀온 왕국의 이름들은 현재 고증하기가 상당히 어렵다. 현지 발음을 한자로 표기하면서 잘못 적기도 하고, 때로는 그 이전의 국가 명칭으로 잘못 기록하기도 했기 때문이다.•

• 이에 대해서는 성익의 여정에 대한 선구적 연구자였던 고 이용범 선생과 고지도 연구자 오길순 선생의 자문을 참조했다.

역사 속 '사연', 고지도로 읽기

3장

전란의 상처,
459장의 그림으로 피어나다

1800년대, 그 어지러웠던 시기

1800년대, 그러니까 19세기 조선의 혼란스러웠던 상황을 생각해 보자. 우리가 살아가는 지금과 가장 가까운 시절이자 조선이 스러져 간 실질적인 이유가 존재하는 그 시기 말이다. 물론 당시를 떠올리면 그리 밝은 인상을 받지 못하는 것이 사실이지만, 그런 시절에도 서글프지만 아름다운 지도 이야기가 있다. 459장의 전국 지도, 흔히 〈1872년 지방지도〉라고 부르는 방대한 양의 지도는 우리에게 어떤 의미로 다가올까.

1860년대 조선은 혼란과 두려움이 교차하는 시기였다. 이미 청나라가 아편전쟁에서 영국에게 패배했다는 소식이 들려오고 있었다. 일본 역시 미국 페리 제독의 무력시위로 인해 개항이 된 상태였다. 조선 사회는 그 이전 백 년을 이끌어 왔던 영·정조 시기에 비해 활력이 떨어져 있었고, 사람들은 생기를 잃어 가고 있었다. 곳곳에서 민초들의 봉기가 일어났으며, 국가는 내부의 분열을 막기 위한 희생양으로 천주교인을 박해하고 있었다. 모두가 머지않아 서양 세력이 침입할 것이라는 막연한 불안감을 감출 수 없었던 시기. 결국 우려는 현실로 나타나게 된다.

1866년에 일어난 병인양요는 천주교인들의 박해와 프랑스 신부의 사형에 대한 일종의 보복 조치였다. 로즈 제독이 이끄는 프랑스 함대는 서해안을 따라 올라와, 우리가 이미 알고 있듯 강화도를 점령하고 외규장각의 고서를 약탈하여 돌아갔다. 이후 경계심이 극도로 강해진 조선은 강화도를 더욱 강화했지만, 신미양요가 일어나기 전인 1868년에는 독일 상인 오페르트가 흥선대원군의 아버지인 남연군의 묘를 도굴하는 사건까지 일어나게 된다. 성리학을 기본으로 하는 유교 국가였던 조선 사람들에게, 이유가 어찌 되었건 간에 부모의 묘를 파헤치는 것은 용납될 수 없는 행동이었다. 이렇게 촉발된 서양에 대한 적개심은 1871년 일명 '신미양요'라 불리는 미국의 강화도 침략에서 확연히 나타난다. 조선군은 화력의 열세로 광성보 전투에서 패배했지만, 끝까지 미군에게 장렬하게 저항했으며 포로가 되어서도 기개를 굽히지 않았던 것이다.

"전국의 지리지와 지도를 만들라!"

실질적으로 대원군에 의해 통치되고 있던 당시의 조선은 이 두 번의 침략으로 더욱 문을 안으로 굳게 잠그게 된다. 열세였기는 하나 프랑스와 미국의 군대를 물리쳤다는 사실에서 자신감을 얻었는지도 모르겠다. 하지만 앞으로에 대한 두려움은 숨길 수 없었던 모양이다. 당시의 모습은 신미양요 직후 전국에 세워진 '척화비斥和碑'를 통해서도 살펴볼 수 있다.

척화비에 적힌 것처럼 호기롭게 말하긴 했지만(도판 42), 조선 조정은 군사시설을 정비하고 더 많은 지역에 대한 파악이 필요했다. 당장 어느 지역의 군사시설을 강화할지, 그리고 저 많은 서양의 배들이 어느 물길을 따라 왔는지 등등. 그리하여 전국 군현에 명령이 내려졌다. 1871년에는 우선적으로 전국 각 지역의 지리지를 만들게 하였다. 이전의 지리지와는 다르게 군사 내용이 주가 되도록 편집한 이 책은 다음 해에 제작되는 전국 지도를 위한 사전 작업이라 할 수 있었다.

42. 종로 보신각 앞 네거리에 설치되었던 척화비. 1871. 국립중앙박물관 소장. "서양 오랑캐가 침범하였을 때 싸우지 않는 것은 화친을 하겠다는 뜻이요, 화친을 한다는 것은 매국노의 행위이다洋夷侵犯非戰則和主和賣國."라고 적혀 있다.

다음 해인 1872년, 현재 규장각

43. 〈1872년 지방지도〉 중 '전라도 낙안군 지도'(왼쪽)와 '전라도 전주 지도'(오른쪽). 서울대학교 규장각 한국학연구원 소장.

古蹟
本朝

에 남아 있는 459장의 전국 채색 지도가 제작되었다. 한 장씩 따로 제작된 이 지도들은 그 지리적 내용에도 가치가 있지만, 시각적인 아름다움이 먼저 눈길을 끈다. 특히 전문 화원들이 제작한 전라도의 지도들은 아름답기로 유명하며, 많은 이들에게 미적인 영감을 주는 자료로도 사용된다. 그 가운데 전라도 낙안군과 전주의 지도는 현대적인 감각과 산뜻한 색, 지도 본연의 가치인 지역에 대한 묘사가 일품인 자료들이다.(도판 43)

국가적 위기상황에서 간절한 마음으로 제작되었을 이 일련의 지도들을 보고 있으면 여러 생각들이 교차된다. 회광반조回光返照, 즉 불꽃은 사그라지기 전에 마지막 빛을 내듯, 오래된 왕조의 찬란했던 문화의 정점이 이 지도에서 보이는 듯하다. 이 자료들이 현재 온전히 규장각에 남아 있다는 사실에 감사하며, 요사이 사용하는 지형도의 무미건조한 모습과는 다르게 왠지 희로애락이 담겨 있는 듯한 모습은, 너무 아름답기에 서글프다고나 할까.

서해의 작은 섬에서
천 년 전 영화榮華를 생각하다

1123년, 송나라 사신 서긍이 고려를 기록하다

흔히 기록의 나라라고 불리는 조선에 비해 고려에 대한 기록은 상대적으로 적은 편이라 할 수 있다. 남아 있는 기록도 대부분 범범한 내용이기에, 당시의 실생활을 살필 수 있는 자료는 얼마 되지 않는다. 그 가운데 많은 학자들이 활용하는 책이 있으니, 바로 1123년 고려에 사신으로 왔던 송나라의 서긍徐兢이 작성한 『고려도경高麗圖經』이다. 당시 송나라와 고려의 북쪽은 거란족이 지배하고 있었기 때문에 사신들은 만주를 통해 육로로 다닐 수 없었다. 따라서 항해술이 그다지 발달하지 못했는데도 그들은 개성에서 서해를 건너 오가는 루트를 이용해야 했다. 서긍 역시 뱃길로 고려에 왔고, 고려에 있었던 긴 시간 동안 보고 듣고 느낀 것들을 빠짐없이 기록해 놓았다.

44. 송나라 때 제작된, 가장 오래된 『고려도경』. 대만 국립고궁박물원 소장.

제목의 '도경圖經'이란 말에서 알 수 있듯, 서긍이 송나라로 돌아와 황제에게 바친 책에는 그림이 수록되어 있었다고 한다. 서긍은 그림에도 뛰어난 재주가 있어 당시의 정경들을 여러 그림으로 남겼는데, 시간이 지남에 따라 난리를 겪으면서 책은 분실되었고, 본문을 적어 놓은 책만 현재 남아 있는 상태이다. 대만 국립고궁박물원에는 서긍의 원본을 인쇄한 송나라 당시의 책이 남아 있는데, 문헌학적으로 매우 귀중한 자료로 평가된다.(도판 44)

아무튼 방대한 분량으로 작성된 서긍의 일기를 통해 우리는 당시 그가 겪었던 일들과 고려의 생활 모습 전반을 상세히 알 수 있게 되었다. 또한 그가 어떠한 경로를 통해 오고 갔는지를 지도에 표시하여 살펴볼 수 있게 되었다.

서해가 아무리 얕은 바다라지만, 바다는 언제나 거칠고 무서운 법이다. 당시 사람들은 최대한 해안을 따라 이동하면서 마지막에 서해를 건너는 항로를 택했던 것으로 보인다. 그런 기록 가운데 특히 우리에게 흥미로운 것은 바로 선유도仙遊島에 대한 기록이다. 현재는 새만금 방조제에 연결되어 육지와 다름없어진 고군산군도의 섬 가운데 하나인 선유도는 이름 그대로 '신선들이 노니는' 아름다운 자연 풍경을 가진 곳이었다. 고려시대 사람들은 이곳을 그렇게 받아들였다.

지금은 한적한 섬이자 관광지로 알려진 이곳은 천 년 전 고려시대에는 전혀 다른 모습이었다. 바로 인천국제공항과 같이 환승과 휴식을 겸할 수 있는 공간이자, 숭산행궁이라는, 사신 영접을 위한 별도의 궁궐이 있었던 해상의 중심지였다.

서긍은 고군산군도의 선유도 지역을 방문하면서 다음과 같은 기록을 남겼다.

> 군산도群山島
>
> 6일 정해일에 아침 밀물을 타고 항해하여 오전 8시쯤[辰刻]에 군산도에 도착하여 정박하였다. 그 산은 12개 봉우리가 서로 이어져 원형으로 둘러쳐 있는 것이 성城과 같다. 6척의 배가 와서 맞이했는데, 무장한 병사[戈甲]를 싣고 징을 울리고 고동나팔[角]을 불며 호위하였다.
>
> (중략)
>
> 배가 섬으로 들어가자 연안에 기치를 잡고 늘어선 자가 백여 명이나

되었다.

(중략)

그 정자는 바닷가에 있고 뒤로 두 봉우리에 의지하였는데, 두 봉우리는 나란하게 우뚝 서 있어 절벽을 이루고 서 있는데 수백 길[仞]이나 되었다. 관문 밖에는 관아[公廨] 10여 칸이 있고, 서쪽 근처 작은 산 위에는 오룡묘五龍廟와 자복사資福寺가 있다. 또 서쪽에 숭산행궁崇山行宮이 있고, 좌우 전후에는 백성이 사는 집이 10여 가家가 있다.

— 서긍, 『고려도경』 권36, 바닷길[海道]—'군산도群山島' 항목 중에서

두 봉우리 절벽 사이로 펼쳐진 행궁의 모습과 수백 명의 인원이 맞이하는 섬의 모습. 천 년 전 서긍이 보았던 선유도는 바로 그런 풍경을 가진 곳이었다. 하지만 시간이 지나고 중국과의 뱃길이 단절되면서 선유도 지역의 쓰임은 사라지게 된다. 그렇게 쇠락한 지역이 다시금 우리의 관심을 끌게 된 것은 바로 바다에서 발견된 보물 덕분이었다.

침몰선에 실렸던 고려 사람들의 꿈

새만금의 물막이 공사를 진행하면서 수심과 물길이 바뀐 결과, 그동안 갯벌에 묻혀 있던 수많은 유물들이 발굴되기 시작했다. 비안도를 시작으로 십이동파도, 야미도에서 발굴된 고려시대의 도자기와 생활용품들은 어림잡아 1만 5천 점에 이르는 방대한 양이었

45. 군산 앞바다 섬들에서 발견된 고려시대의 유물. 바닷속에서 1만 5천 점이 넘는 유물이 발굴되었다.

다.(도판 45) 너무도 많은 양의 유물이 출토되면서 사람들은 이 지역이 어떠한 의미를 가진 장소였는지 다시금 복기하기 시작했다. 그리고 『고려도경』의 기록을 찾아보게 되었으며, 이 지역이 정류장이자 환승의 역할을 하는 해상기지였음이 확인된 것이다. 확신을 갖게 된 학자들은 기록으로만 남아 있는 숭산행궁의 실체를 찾기 시작했고, 오랜 발굴 끝에 군산대 학자들에 의해 행궁 터와 유물들이 선유도 망주봉 언저리에서 확인되었다. 깎아지른 두 절벽 밑에 숭산행궁이 있다던 서긍의 기록은 과연 틀리지 않았으니, 그 기록의 정밀함에 다시금 감탄하게 된다.

조선시대에는 이 지역의 여러 섬들을 묶어서 '고군산古群山'이라고 불렀다. 현재도 이 지역은 '고군산군도'라 표기되는데, 각 섬들의 이름을 정확히 아는 이들은 드물 것이다.

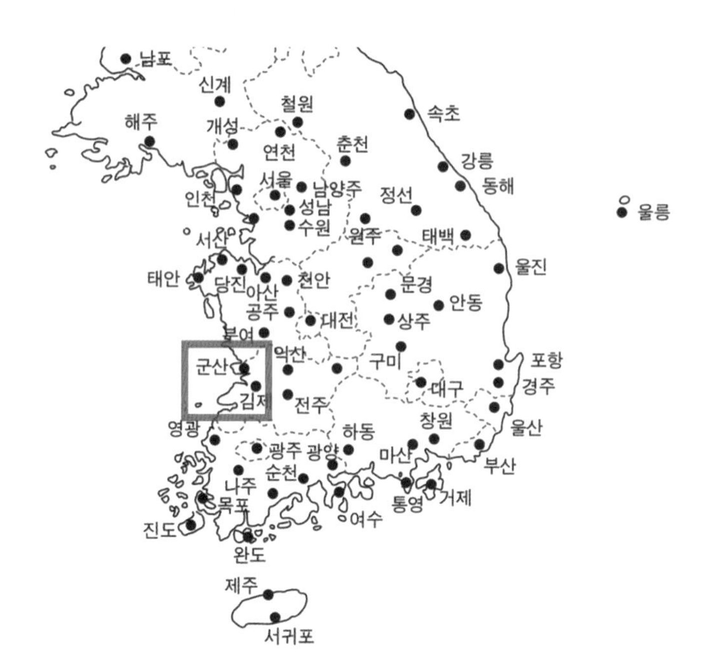

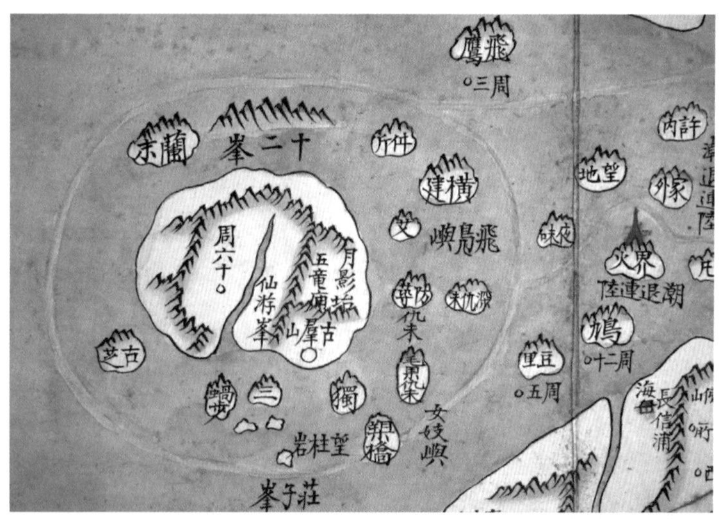

46. 고군산군도 일대의 위치(위)와 김정호의 〈동여도東輿圖〉(1850년경) 중 고군산군도 부분(아래).
김정호가 만든 대표적인 전국 지도는 〈청구도〉(1830년경), 〈동여도〉(1850년경), 〈대동여지도〉(1861년 이후 개정본 제작)를 들 수 있다. 그중 〈대동여지도〉는 목판 인쇄의 한계로 지리 정보를 상세히 담지 못했다. 반면 필사본으로 제작된 〈동여도〉는 우리나라 전국 지도 중 가장 상세한 지리 정보를 담고 있으며, 각 지역의 복잡한 행정구역까지 색색의 선으로 표기했다. 고군산군도는 현재의 선유도, 장자도 등의 섬들을 아우르는 지역으로, 지도의 노란색 실선이 하나의 행정구역임을 나타낸다.

이 지역을 묘사한 김정호의 〈동여도〉를 살펴보자.(도판 46) 1850년경의 모습을 간략하게나마 확인할 수 있는 자료이다. 이 지도를 살펴보면, 현재 섬으로 불리는 십이동파도, 장자도, 선유도 등이 모두 '봉우리〔峰〕'로 표기되어 있다. 선유도의 '망주봉望主峰'이 '망주암望柱岩'이라 표기되어 있는 것도 이채롭다. 이 지역의 섬들이 노란색 실선으로 묶여 하나의 행정구역으로 표기된 것을 통해서도 하나의 단위로 관리되고 있었음을 알 수 있다. 다만 고려시대의 영화는 이미 사라지고 쇠락한 모습의 평범한 어촌 지역으로 남아 있었음을 짐작하게 한다. 이미 행궁의 터도 사라지고, 오래된 기와 조각만이 드문드문 외지인의 주목을 끌었을 것이다. 사람들은 선유도에서 발에 치이는 청자 조각과 기와가 무슨 의미를 지니는지 호기심을 가지곤 했겠지만 그 유적들과 고려시대, 그리고 송나라의 사신을 연관시키지는 못했던 것으로 보인다.

섬으로 흐르는 역사

『섬으로 흐르는 역사』라는 책이 있다. 고군산군도의 섬들에도 각각 흐르는 역사가 담겨 있다. 다만 우리가 그 의미를 파악하지 못하고 있었을 뿐. 아마 갯벌의 유적이 발견되지 않았다면 이 지역은 여전히 관광지로만 기억되지 않았을까.

비단 고군산군도만이 아니다. 3천여 개가 넘는다는 우리나라의 섬은 제각기 사연을 간직하고 있다. 조금 더 관심을 기울여 보자. 춘추 전국시대에 제나라가 망하면서 왕족들이 도피했다는 전설이 남아 있는 어청도라든가, 장보고가 활동했던 청해진, 삼별초가 항쟁한 진도 등의 섬들부터 이러한 작은 섬에 이르기까지, 우리가 모르고 있는 이야기들은 너무도 많다. 그리하여 우리네 학자들은 또다시 가방을 메고 답사를 나서는 것이다.

시간은 사람을 기다려 주지 않는다지만, 땅은 언제나 그 자리에서 머물며 우리를 맞이한다. 하지만 알아야 보이는 법이다. 한 장소의 역사를 확인하기 위해서는 먼저 공부를 해야 한다. 옛 기록을 살펴보고, 고지도를 통해 당시의 모습을 이해하는 것이야말로 인문학 연구의 시작이 아닐까.

조선 행정구역의 난해함, 월경지와 견아상입지

경계를 벗어났거나 서로 엇물린 땅들

'월경지越境地'는 한자의 뜻과 같이 본토에서 떨어져 경계를 벗어난 행정구역을 말한다.(도판 47의 왼쪽) 현대에 와서는 섬이 아니면 찾아보기가 쉽지 않은 경우로, 지금은 대부분의 행정구역이 편의를 위해 구획 정리되었기 때문이다. 외따로 떨어진 행정구역은 여러 가지 이유로 생겨나게 되는데, 이유가 어떻든 통치에 불편함이 생기는 것은 분명하다.

'견아상입지犬牙相入地'는 정식 명칭은 아니지만 조선시대에 많이 사용되었던 용어로, 개의 이빨처럼 위아래로 행정구역이 엇물려 있는 모습을 표현한 말이다.(도판 47의 오른쪽) 두입지斗入地라고도 하며, 순우리말로 '땅거스러미'라 부르기도 한다. 이러한 형태의 행정구역

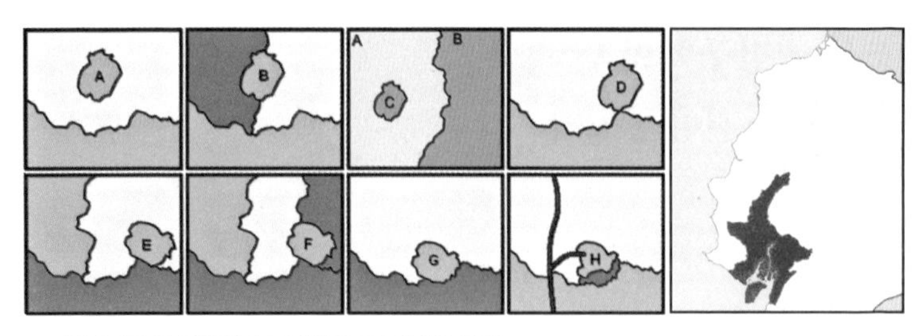

47. 월경지의 사례(왼쪽)와 견아상입지의 사례(오른쪽).

역시 통치와 관리가 어렵기 때문에 시간이 지날수록 주변 지역에 통폐합되어 완만한 형태의 행정구역으로 재편되는 것이 일반적이다. 하지만 지형, 민족, 언어 등의 이유, 그리고 정치적인 이유로 이러한 견아상입지 형태를 유지하기도 한다.

김정호의 〈청구도〉로 본 월경지와 견아상입지

조선시대에 제작된 다수의 지도에서는 행정구역의 정확한 경계가 표시되어 있지 않다. 이러한 이유로 조선시대를 연구하는 학자들 중에는 현재의 지도로 과거를 연구하는 경우가 적지 않다. 물론 한반도의 형태는 크게 다르지 않겠지만, 세부적인 내용으로 들어가면 여러 변수가 작용하게 된다. 개별 행정구역으로 독립되어 운영되는 역원譯院이나 월경지, 견아상입지 등이 다수 존재하기 때문이다. 먼저 견아상입지의 사례를 살펴보자.

김정호가 1834년에 만든 지도첩인 〈청구도靑邱圖〉 중 경기도 남부

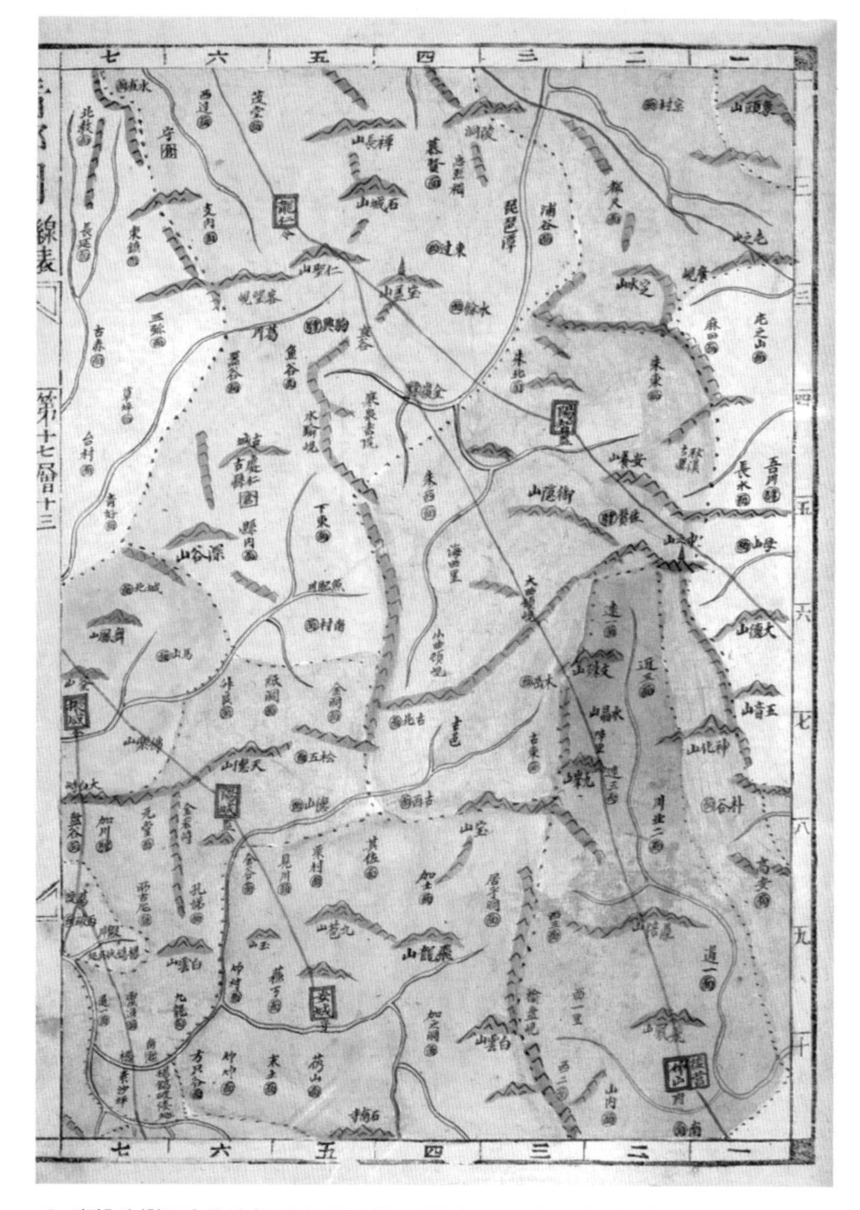

48. 김정호의 〈청구도〉 중 경기도 죽산 부근. 1834. 보물 제1594-1호. 국립중앙도서관 소장.

현 경기도 안성 지역으로, 개의 이빨처럼 위로 솟아오른 모양의 죽산 지역(오른쪽 하단의 파란색 부분) 때문에 양지 지역(죽산 바로 위 연분홍색 부분)이 좌우로 갈라진 것이 견아상입지의 사례다.

의 모습을 보면, 오른쪽 아래 파란색으로 표시된 죽산이 바로 위 연분홍색의 양지에 물려 들어간 형태로 경계가 설정되어 있다.(도판 48) 죽산 지역이 송곳처럼 위로 튀어나와 있기 때문에 양지 지역은 좌우로 갈라진 형태가 되었다. 마치 현재 용산구가 미군기지 때문에 실질적으로 좌우로 나뉘어 있는 모양새와도 같다.

다음으로는 조선시대 행정구역의 이해를 가장 어렵게 만드는 월경지의 사례를 살펴보자. 김정호의 〈청구도〉 중 경기도 수원, 평택 부분을 보면 색으로 구분되는 행정구역이 매우 복잡하게 혼합되어 있다.(도판 49) 파란색, 빨간색, 회색 세 개의 행정구역이 각각 섬과 같은 형태의 월경지로 표시되어 있는 것이다. 이러한 월경지는 해안 지역에 특히 많은데, 내륙에서 소금과 수산물을 얻기 위해 외곽에 거점기지 형태의 월경지를 운영했기 때문이다. 하지만 월경지 자체가 왜 생겼는가 하는 것은 여전히 연구 대상이며, 해결되지 않은 의문점들이 남아 있다.

월경지를 바라보면 이런저런 궁금증이 들기도 한다. 부府나 현縣에서 멀리 외떨어져 있는 이러한 특수 지역에서 강도나 살인사건이 난다면 과연 어디에서 처리할까? 당연히 해당 소속기관에서 처리할 것이라고 생각하겠지만, 당시 공권력이 경계를 넘어 원활하게 유지되었다고 보기는 힘들다. 여러 학설을 종합해 보면, 월경지는 본래 고려시대에 있던 향鄕·소所·부곡部曲이 변형된 것이라는 의견도 있다. 향·소·부곡은 신분에 따라 사는 지역을 정해 놓은 곳으로, 하층민이 사는 특수 지역을 말한다. 이 지역 사람들은 정해진 특수 임무, 예를 들

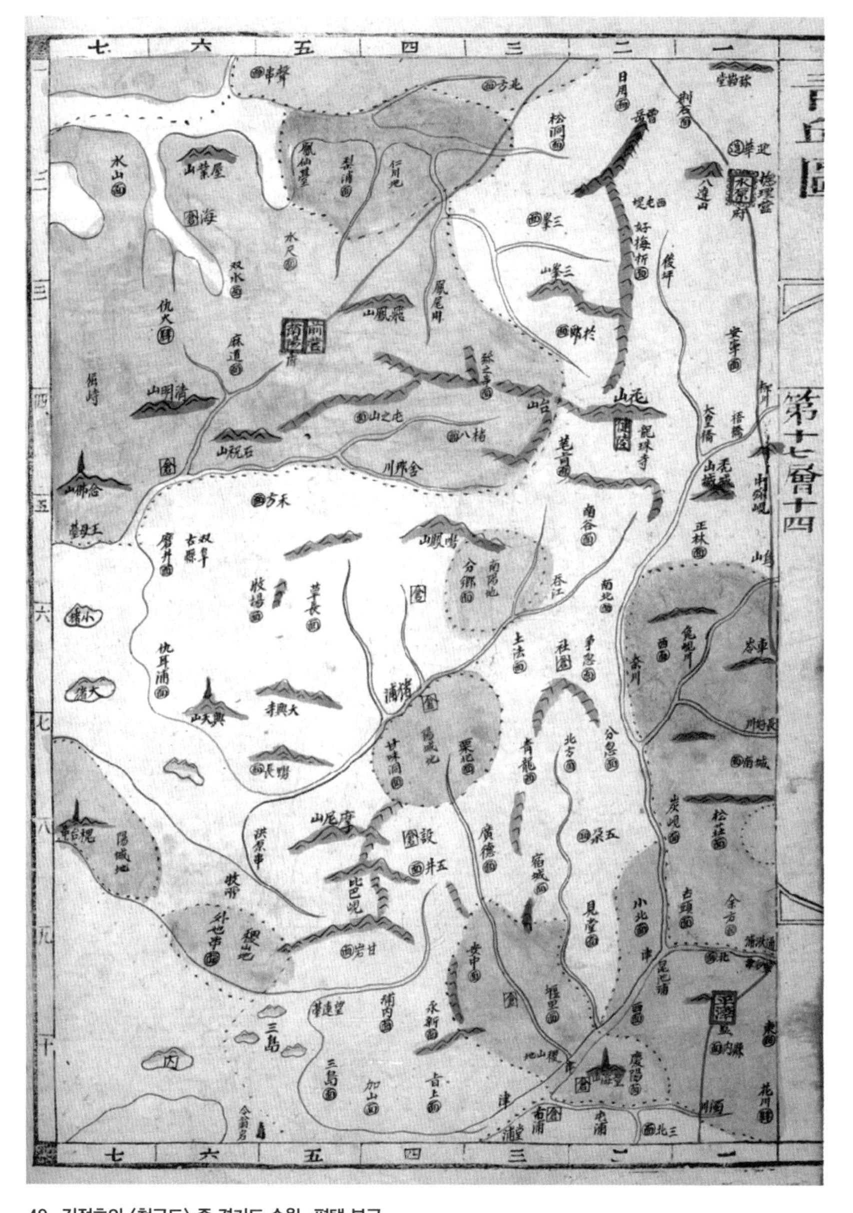

49. 김정호의 〈청구도〉 중 경기도 수원, 평택 부근.

같은 색깔이 같은 행정구역을 나타낸다. 섬처럼 떨어져 분포하는 월경지들이 눈에 뚜렷하다.

어 소금 생산과 같은 일을 전담했던 것이다.

김정호의 〈청구도〉는 조선 후기 행정구역을 살펴보아야 할 때 많은 도움이 된다. 이 지도는 고을별로 별도의 색을 칠해 놓아 보기에 편리하다. 또한 월경지 지역을 세밀히 표시하고, 작은 크기의 지역에는 어느 지역에 속하는지도 표기하고 있어서 좋은 참고 자료가 된다.

지금의 우리는 주로 드라마나 영화를 통해 조선시대를 접하고 있다. 그러나 깊이 들어갈수록 우리가 잘 알지 못하고 이해하지 못하는 여러 역사적 사실들이 있을 것이다. 따라서 깊이 있는 역사 연구와 이해를 위해서는 가장 기본적인 연구부터 느리지만 꼼꼼히 선행되어야 옳을 것이다. 그리고 그 첫 발걸음은 행정구역을 모두 표시한 정밀한 역사 지도의 완성이라 생각한다. 진정한 학문은, 끝의 열매가 아니라 그 근본이 얼마나 야무진가에 달려 있기 때문이다.

지도 속 뱃사공은 어디로 가고 있었을까

옛 지도에서 인문학을 만나다

1996년 노벨문학상을 수상한 폴란드 시인 비스와바 쉼보르스카Wisława Szymborska(1923~2012)는 「지도」라는 시를 썼다.

나는 지도가 좋다. 거짓을 말하니까.
잔인한 진실과 마주할 기회를 허용치 않으니까.
관대하고, 너그러우니까.
그리고 탁자 위에다 이 세상의 것이 아닌
또 다른 세상을 내 눈앞에 펼쳐 보이니까.

— 쉼보르스카의 시 「지도」 중에서•

• 비스와바 쉼보르스카, 최성은 옮김, 『충분하다』, 문학과지성사, 2016.

50. 〈1872년 지방지도〉 중 공주목 지도(왼쪽)와 그 세부(오른쪽). 1872. 서울대학교 규장각 한국학연구원 소장. 조선 조정의 명령으로 제작된 전국 군현 지도 가운데 공주목의 지도이다. 공주의 명승지인 공산성을 비롯하여 관아와 금강 등 특징적인 지역을 그려 넣었다. 회화적 성격이 강하며, 금강에 나룻배를 몰고 있는 뱃사공의 모습도 보인다. 〈1872년 지방지도〉는 지역별로 회화적 특징이 다르다. 특히 삼남 지방의 지도가 회화적 성격이 강한데, 그중 전라도 지도는 오방색 등 화려한 색채를 사용하여 화원이 그렸다.

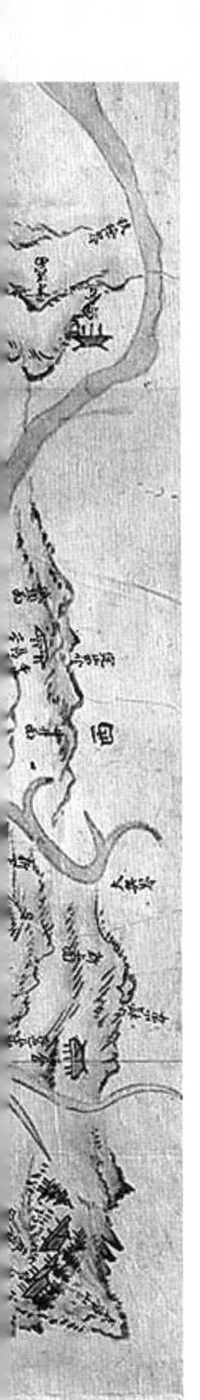

紅門
山城
東門
南門
西門
東部面
將臺
大路
中軍道
雲隱寺
水口門

지도에 대한 시인의 생각에 나 역시 동의한다. 지도는 현실을 보여주는 것 같지만 제작자의 의도에 따라 정보가 취사 선택되고 왜곡 또는 강조되기도 하기 때문이다.

몇 년 전 고지도에 대해 인터뷰를 한 적이 있다. 하나, 둘 담당 PD의 질문에 답하다 보니, 새삼 '언제부터 내가 고지도를 사랑하게 되었던가?' 하는 생각이 들었다. 그래서 기억을 거슬러 올라가 더듬어 보니, 그 인연이 20여 년 전 대학교의 어느 수업 시간이었음을 기억해 냈다.

'역사지리학'이라는 이름의 수업. 지리학을 전공하던 나에게 당시 이 수업은 고리타분한 한문과 옛 책들을 연구하는, 소위 '비인기 수업'이었다. 열 명이 채 안 되는 수강생들이 당시 시간강사 선생님과 조선시대의 지리학에 관해 공부하는 수업이었다. 선생님은 자신이 좋아하는 지역을 선정해서 고지도를 가지고 리포트를 써 보라고 하셨고, 당시 공주시를 좋아했던 나는 공주에 대한 옛 지도를 크게 사진으로 뽑아 공주 시내와 이곳저곳을 돌아다녔다. 공산성을 지나 우금치, 그리고 길과 금강의 모습들.

현대의 지형도에만 익숙해져 있던 나에게 불규칙한 축척과 알 수 없는 한문들이 처음에는 촌스러워 보였던 것 같다. 하지만 생각해 보니, 당시 내가 프린트해서 가지고 다녔던 자료가 가장 아름다운 지도 가운데 하나인 〈1872년 지방지도〉의 공주목 지도였다는 것은 다행스러운 일이었다.(도판 50)

여러 차례 다시 걸으며 지도를 자세히 들여다보기 시작하자 내가 걷던 길이 보이고, 산과 언덕이 보이기 시작했다. 가파른 공산성의 절벽과 읍성이 보였고, 금강을 따라 노를 젓는 나룻배와 뱃사공의 모습까지 생생했다.(도판 50의 아래) 이 나룻배를 발견하고 나서 얼마나 감동했는지. 지도에 사람이 담겨 있다니 말이다. 동서남북 방향도 제멋대로인 지도였지만 나는 점점 그 운치에 빠져들었다. 지금도 가끔 이 지도를 볼 때면 공산성 아래의 나룻배에 눈길이 간다. 150년 전의 이 사공은 금강을 따라 어디로 가는 길이었을까?

끝없는 이야기의 원천, 고지도

고지도는 책과는 달리 처음과 끝이 정해져 있지 않다. 따라서 완독을 할 필요도, 정독을 해야 할 이유도 없다. 다만 바라보는 것과, 그 이상의 관심이 필요할 뿐이다. 아무리 오래 들여다본다 해도 지도를 다 읽을 수 없으며, 그 어떤 천재라도 그림을 모두 외울 수는 없는 노릇이다. 사서삼경을 외우는 천재라 해도 말이다.

현대의 지형도는 정확함이 생명이다. 정확한 만큼 지극히 과학적이고 기계적이며, 우리의 주관이 개입될 여지는 사라지게 되었다. 전 세계가 언어 없이 통용할 수 있는 기호의 체계, 이것이 곧 현대의 지도라 할 수 있다. 이에 비해 고지도는 상상과 관념의 세계를 담고 있다. 선교사들이 청나라에 와서 만들었던 〈곤여전도坤輿全圖〉를 보자.(도판 51) 아직 남극이 발견되기 이전의 시대인데, 남쪽에 막연하게 거대한

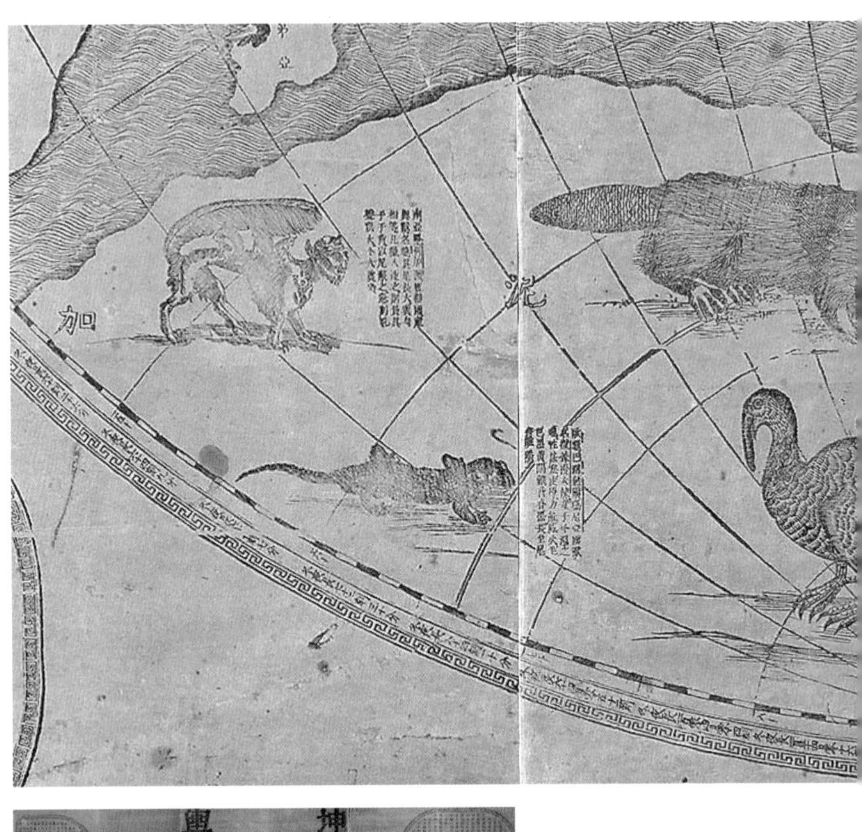
加
泥

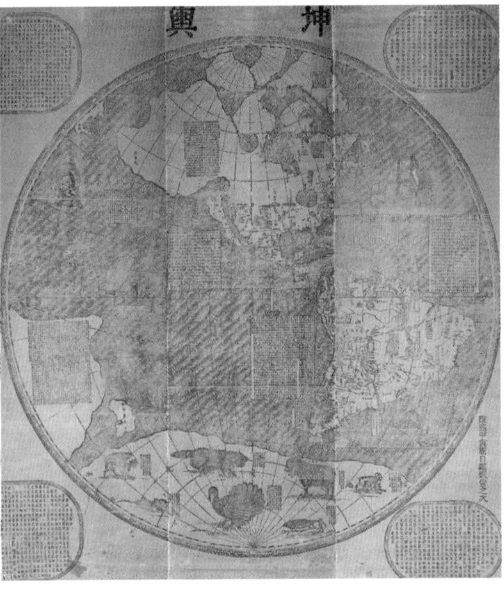
坤輿

51. 선교사 베르비스트가 제작한 <곤여전도>. 1674. 대만 국립고궁박물원 소장.
아래는 지도의 전체 모습이고, 위는 하단 남극 대륙의 세부이다. 남극 대륙은 18세기에 발견되었는데, 그 전까지는 남쪽에 '메카라니카'라는 상상의 땅이 있다고 생각했다.

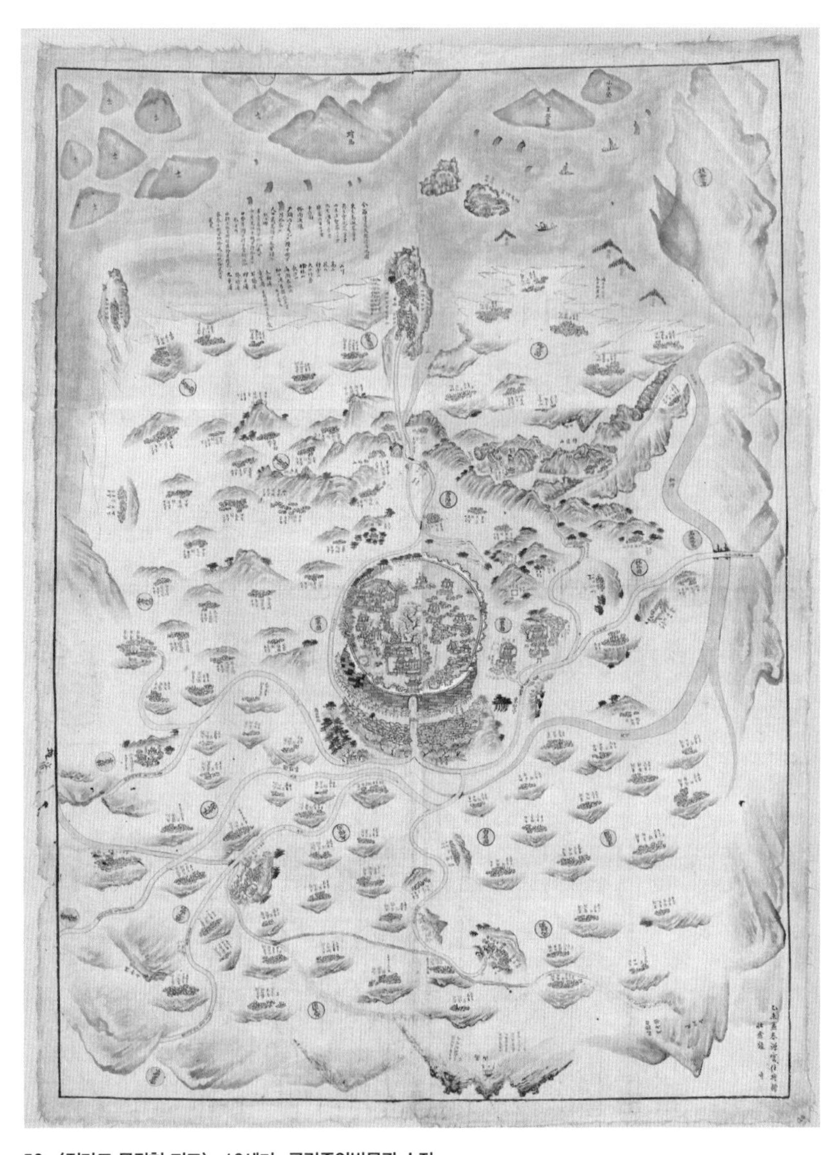

52. 〈전라도 무장현 지도〉. 19세기. 국립중앙박물관 소장.

1800년대에 제작된 전라도 무장현의 지도로, 무장현은 지금의 전라북도 고창군 무장면 일대이다. 이 지도는 회화적 성격이 두드러지게 나타난다. 지도인지 회화인지 모를 정도로 읍성 내부에는 봄날 만개한 복사꽃이 그려져 있으며, 앞바다에는 고기잡이하는 두 어선의 어부들이 담소를 나누는 모습까지 담겨 있다. 그러나 회화성이 아무리 강하더라도 지도인 만큼, 지역의 경계, 도로망, 지명 등 지도로서 갖추어야 할 정보들도 수록되어 있다.

53. 〈전라도 무장현 지도〉 중 변산반도와 위도 사이 세부.

대륙이 있을 것이라 생각한 듯 다양한 동물들이 그려져 있다. 당시 사람들은 이 지도를 보고 어떤 생각을 했을까. '저 미지의 땅으로 내가 가 보리라.' 생각했을까, 아니면 '세계는 요지경이구나.'라고 생각했을까.

한 장의 고지도에서는 수많은 이야기가 펼쳐질 수 있다. 2백 년, 3백 년 전의 사람들이 바라보던 세계의 모습을 지금 우리가 바라보고 있는 것이다. 그리고 지도를 통해 김정호, 정약용, 김정희 등이 살던 시대의 세계관을 이해하게 된다. 그야말로 멋진 일이 아닌가.

〈전라도 무장현 지도〉(도판 52)를 알게 된 것은 불과 3년 전의 일이다. 그리고 이 지도의 참맛을 느끼게 된 것은 그로부터 더 시간이 지난 뒤였다. 이 지도에는 고창과 부안 일대가 드러나 있다. 바야흐로 성안의 저잣거리에는 복사꽃이 만발하고 봄 내음이 한창이다. 사람들이 덩실덩실 춤을 출 듯 봄의 노래와 상춘객의 발걸음이 북적일 듯하다. 읍성의 북쪽으로는 바다가 있고, 부안과 위도가 표기되어 있다. 그리고 또다시 보게 되는 나룻배와 사공의 모습.(도판 53) 어장을 따라 노를 젓는 배에서 두 사람은 무슨 이야기를 하고 있을까? 만선의 꿈과 봄날의 여유를 나누고 있을까? 글을 쓰는 이 순간에도 무장의 읍성에 있는 꽃과 나룻배의 사내들을 한참이나 바라보게 된다. 그리고 혼자서 되뇐다.

'이러니 고지도를 사랑하고 사랑할 수밖에…….'

조상의 묘소를 그리다, 산도山圖

시간이 지나도 그리운 부모님

한국에서 묘소는 산속에 들어서기 마련이었다. 그런데 풍수의 음택 명당(좋은 기운이 있는, 무덤을 쓸 땅)은 둘째 치고라도 마을의 뒷산은 뜻한 바가 있지 않으면 흔히 가는 곳은 아니었다. 지금도 성묘를 하려면 쉽지 않은데 과거에는 오죽했을까. 그래서 사람들은 묘소의 위치를 기록하는 문서를 남기게 되었다. 바로 '산의 위치를 그린 그림'이라는 뜻으로 '산도山圖'라 부르는 문서였는데, 이를 지도의 일종으로 보기도 한다.(도판 54)

조선은 기본적으로 주자의 성리학을 기반으로 한 유교 국가였다. 따라서 부모에 대한 효도가 왕에 대한 충성에 우선할 정도였다. 부모의 묘가 잘되면 자신이 발복發福한다는, 즉 운이 틔어서 복이 온다는

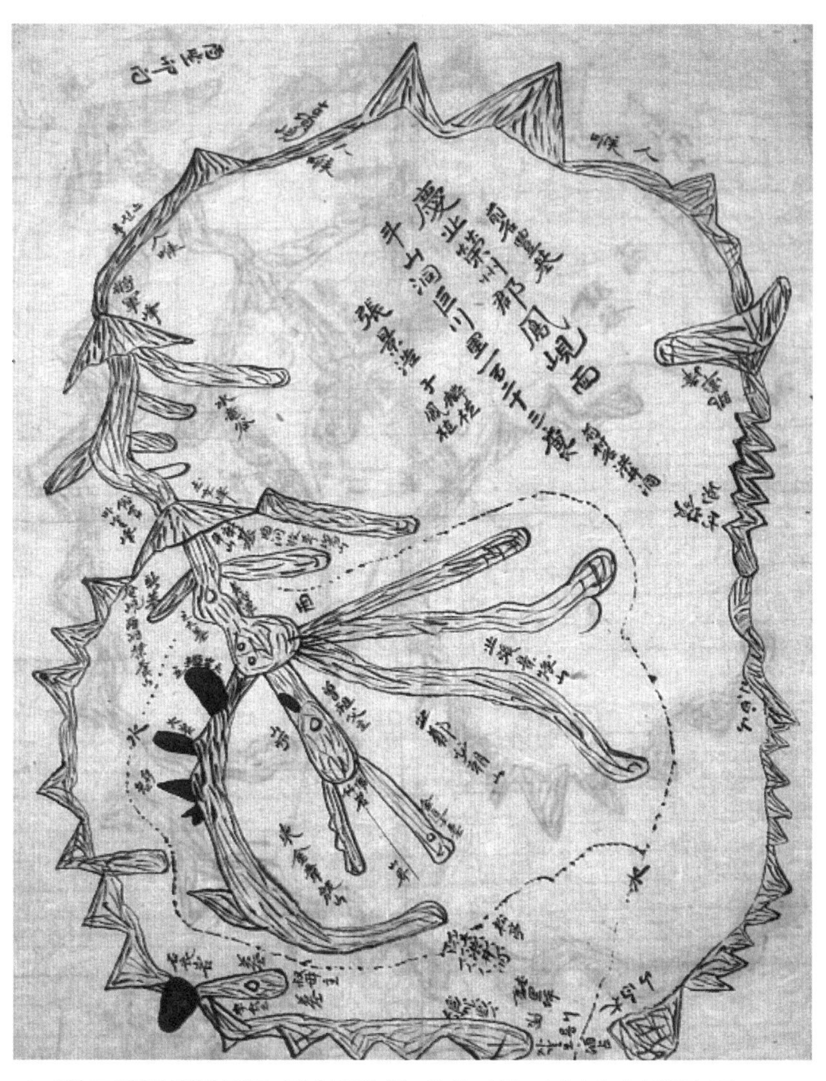

54. 경상북도 영천군 봉현면 두산동 거천리 123번지를 그린 산도山圖. 19세기 말. 소수박물관 소장.
산의 모양과 방위, 묘소 주변을 간략하게 그린 지도이다. 경우에 따라서는 상세하게 그리기도 했다.

믿음 역시 조상과 후손이 밀접하게 연관되어 있다는 사고에서 시작되었을 것이다. 그래서 좋은 묫자리라면 몰래 묘를 파내고 자기 조상의 묘를 쓰는 투장偸葬과 같은 일이 벌어지기도 했다. 조선시대 소송 사건의 대부분을 차지하는 묫자리 싸움을 산송山訟이라 하는데, 10년, 20년은 기본이고 후손대까지 이어지는 길고 긴 소송전이 되는 경우도 많았다. 그랬기에 부모의 묘소를 그린 산도는 더욱 중요한 역할을 했을 것이다.

누구를 위한 효도인가

이렇게 효도가 목적이 아닌 수단으로 변한다면, 누구를 위한 효도인가 하는 의문이 들 수밖에 없다. 옛사람이라고 이런 아쉬움이 없었을 리 없다. 많은 이들이 효도 자체의 의미를 돌아봐야 한다고 말하였으나 현실은 그리 이상적이지 못했다. 『삼강행실도三綱行實圖』에서 수없이 효자와 열녀, 충신의 이야기를 늘어놓았던 까닭은 역설적이게도 현실이 그렇지 못함을 드러내는 방증이었을지도 모른다. 효자, 열녀, 충신이 일상적인 일이라면 구태여 이런 책을 힘들게 목판으로 새겨 사람들에게 배포할 필요가 없었을 것이다.

『삼강행실도』와 같은 책은 프로파간다적인 성격을 보여 준다. 어느 정도 유교 정치를 위한 선동이 필요했던 것이다. 누구도 허벅지 살을 잘라서 부모를 먹이거나, 한겨울에 잉어를 잡으러 가지는 않았겠지만, 이 그림책에서는 그것이 진정한 효도라고 말하고 있다. 왕조의 설립자들이 쇠몽둥이로 죽인 정몽주를 다시금 충신의 화신으로 등장시키며 영원한 충성을 강조하고 있기도 하다. 시대에 따라 필요는 이처럼 변하기 마련이다. 영원한 가치는 없으며, 다만 필요한 가치가 순간순간 존재할 뿐.

『삼강행실도』의 '효자편'을 살펴보자.(도판 55) 수원의 유명한 효자인 최누백은 부모를 해친 호랑이를 잡아 결국 복수를 이루어 낸다. 단선적인 이야기의 진행으로 명징한 결론을 얻을 수 있다. 하광신의 사례는 어떠한가. 어머니가 돌아가시자 묘 옆에 움막을 짓고 3년상을 치른 하광신은 천하의 효자로 알려진다.

『논어』에서 공자는 처음 제사에 허수아비를 쓴 사람을 증오한다고 말했다. 누군가 시작하자 경쟁을 하게 되고, 예를 차리는 것이 과열되어 결국 사람을 제사에 세워 순장시키는 지경에 이르렀으니 말이다.

조선 후기에도 마찬가지였다. 보여주기식 효도가 횡행했음을 부정하기 어렵다. 저쪽 집안에서는 수절을 하였다던데, 누구네에서는 열녀가 되었다네, 3년상에 1년을 더 시묘살이해서 상을 받았다네와 같은 경쟁이 이루어졌다. 제도가 고도화되고 시간이 지날수록 사람들은 처음 시작할 당시의 이유를 망각하게 된다. 공자가 『논어』에서 했던 말이 다시 생각난다.

> 예라는 것은 사치하기보다는 검소한 것이 낫고, 상을 치르는 것은 쉽고 매끄럽게 끝내는 것보다는 진정으로 슬퍼하는 모습이 나은 것이다.

55. 『삼강행실도』에 수록된 효자 이야기 그림. 최누백이 아버지의 복수를 위해 호랑이를 잡는 장면(왼쪽)과, 하광신이 3년 시묘살이를 하는 모습(오른쪽)이다.

나 역시 장례식에 다녀올 때마다 생각하게 된다. 왜 3일을 치르는지, 절은 왜 몇 번을 해야 하는지 말이다. 대부분은 옛 풍습을 그저 따를 뿐이다. 공자의 말처럼 형식보다 본질이 중요해야 하는데도 우리는 잔을 두 번 돌릴지 세 번 돌릴지 따지며 논쟁하진 않았던지. 그러면서 정작 중요한 고인의 모습과 그의 삶을 반추하는 기회를 놓치게 되는 것은 아닌지. 이럴 때 퇴계退溪 선생의 묘지명墓誌銘은 많은 것을 생각하게 한다. 자신이 죽기 전에 스스로 써 내려간 자찬自撰 묘지명. 수많은 제자들이 미사여구로 꾸미는 묘지명보다 자기 스스로 삶을 반추하며 담담히 이야기하는 그 마음이 그리워진다. 어느 전시장에서 이 자찬 묘지명을 읽다가 눈물이 흐른 기억이 떠오른다. 그곳에서 두 번, 세 번 읽고 또 읽었던 기억이다. 진정 중요한 것은 묫자리의 위치보다도 그분이 어떠한 가치를 우리에게 남겼는가 하는 정신의 위치를 찾는 것이 아닐까.

> 나는 태어나서는 크게 어리석었고 장성하여서는 병도 많았네.
>
> 중년에는 어쩌다가 학문을 즐겨 했고 만년에는 어찌 벼슬을 받았던고.
>
> 학문은 구할수록 아득하고 벼슬은 사양할수록 몸에 얽히네
>
> (중략)
>
> 근심 속에 즐거움이 있었고 즐거움 속에서도 근심은 있었네.
>
> 천명으로 살다가 돌아가니 이 세상에 다시 무엇을 구하리오.
>
> — 퇴계 이황이 쓴 「자찬 묘지명」 중에서

서해를 따라 뭍으로 가는 길, 〈강화도이북해역도〉

바다, 환희와 낭만과 두려움이 공존하는 곳

역사 속에서 바다는 언제나 기회와 환희의 공간이었다. 바다는 육지와 육지를 가로막는 것처럼 보이지만 서로를 보이지 않는 길로 연결해 주고 있으며, 그 길은 오랜 경험의 축적을 통해 전해져 온다. 북방의 이민족을 피해 중국의 문화가 교류되었던 것도 바다를 통해서였다. 가야, 신라, 고려는 어떤가. 멀리 아라비아의 상인이 고려의 벽란도까지 도달할 수 있었던 까닭도 바로 바다가 있었기 때문이다.

하지만 바다가 항상 아름다울 수는 없었다. 현재는 그리 넓어 보이지 않는 서해에서도 중국과 교류하던 사신들이 풍랑으로 목숨을 잃는 일이 많았다. 또한 바다의 이점을 가장 잘 이용한 일본은 정권이 안정

되기 전까지 왜구 세력을 통해 한반도의 남해안과 서해안 일대에서 주민들을 노략질하기 일쑤였다. 이에 따라 조선시대에는 해안의 섬에 사람을 살지 못하게 하는 공도空島 정책을 유지하기도 했다.

조선은 육지의 교통로가 발달하지 않았기 때문에 대부분의 물자와 세금으로 거둔 곡식을 하천을 따라 이동시켜 연안의 바닷길을 통해 한양으로 운반했다. 하지만 한반도의 연안은 울돌목처럼 조수가 빠르거나 암초가 있는 경우가 많아 능숙한 선원들도 사고를 당하는 경우가 빈번했다.

이 가운데서 특히 해상 침몰 사고가 잦았던 곳이 안면도 일대와 강화도 인근이었다. 이 두 지역은 각기 다른 의미로 중요했는데, 안면도는 본래 섬이 아니었지만 연안의 급류가 많아 물건을 실어 나르는 조운선의 사고가 빈번했기 때문에 운하를 파자는 논의가 활발했다. 그래서 여러 차례 운하 건설을 시도했고, 기반암에 부딪혀 경로를 변경한 끝에 현재의 안면도가 생기게 되었다. 강화도 일대는 군사의 요충지로, 이 지역이 뚫리게 되면 한양으로 적이 바로 들어올 수 있기 때문에 방비가 중요한 곳이었다. 하지만 조수간만의 차가 심하고 암초가 많아 상세한 지도의 작성이 요구되었던 것이다.

신경준申景濬(1712~1781)은 18세기에 활동한 학자이자 관료로 지리학에 특히 조예가 깊었다. 다양한 지도와 지리 관련 서적을 집필했으며 『가람고』, 『산경표』, 『도로고』 등이 잘 알려져 있다. 그의 집안에는 신경준이 직접 제작한 것으로 알려진 거대한 지도 두 장이 전해진다. 하나는 북방의 지형을 그린 〈북방강역도北方疆域圖〉이고, 또 다른 대형 지도는 강화도 북쪽 서해안 암초 등의 정보를 상세히 기록한 〈강화도이북해역도江華島以北海域圖〉이다.(도판 56) 이 〈강화도이북해역도〉는 다른 어떠한 지도에도 없었던 암초와 뱃길에 대한 상세한 정보가 수록되어 있다. 심지어 각 암초마다 이름이 기록되어 있기도 하다. 3미터에 가까운 크기인 이 지도는 그 상세함과 내용을 볼 때 군사적인 용도로 제작된 것이 분명해 보인다.

신경준이 염려했던 것처럼 강화도는 백여 년 이후 수많은 외세의 침략을 당하는 곳이 되었다. 병인양요, 신미양요 등은 모두 이곳 강화도가 무대가 되어 프랑스, 미국과 전투를 벌인 것이었다. 다만 그들은 신경준의 예상과는 달리 강화도 남쪽에서 올라왔다는 점이 다를 뿐이다. 이처럼 상세한 지도는 조선이 육지뿐만 아니라 해안, 바다, 섬에 대해 큰 관심을 기울이며 관리해 왔다는 사실을 알 수 있게 한다.

나는 나에게 황홀을 느낄 뿐이오

무서운 것이 내게는 없소
누구에게 감사받을 생각 없이
나는 나에게 황홀을 느낄 뿐이오
나는 하늘을 찌를 때까지 자라려고 하오
무성한 가지와 그늘을 펴려 하오
— 김광석의 노래 「나무」 중에서

56. 신경준이 제작한 〈강화도이북해역도〉(위)와 그 세부(아래). 18세기 후반. 개인 소장.

강화도에서 황해도 강령에 이르는 해안의 뱃길을 암초와 함께 상세하게 그렸다. 깊지 않은 서해는 밀물과 썰물 때에 따라 암초가 드러났다 사라지기 때문에 군량미를 실어 나르는 배들이 좌초되는 일이 빈번했던 곳이다. 특히 충청도에서 한양으로 올라오는 길이 그러했으며, 강화도 인근 지역 또한 암초가 많아서 늘 위험 지역이었다. 이 지도는 실제로는 보이지 않는 암초들을 종류별로 분류하여 그 깊이, 크기, 폭 등을 상세히 수록하고 있다.

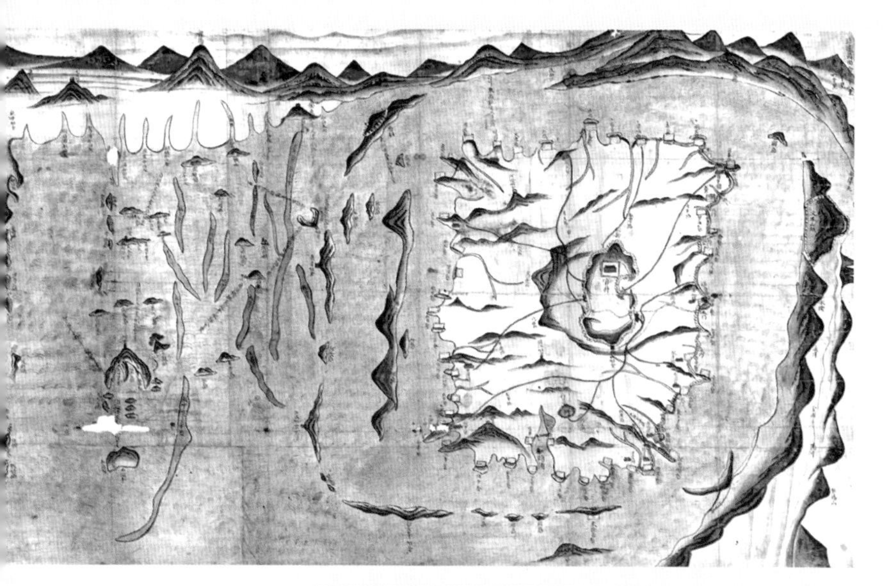

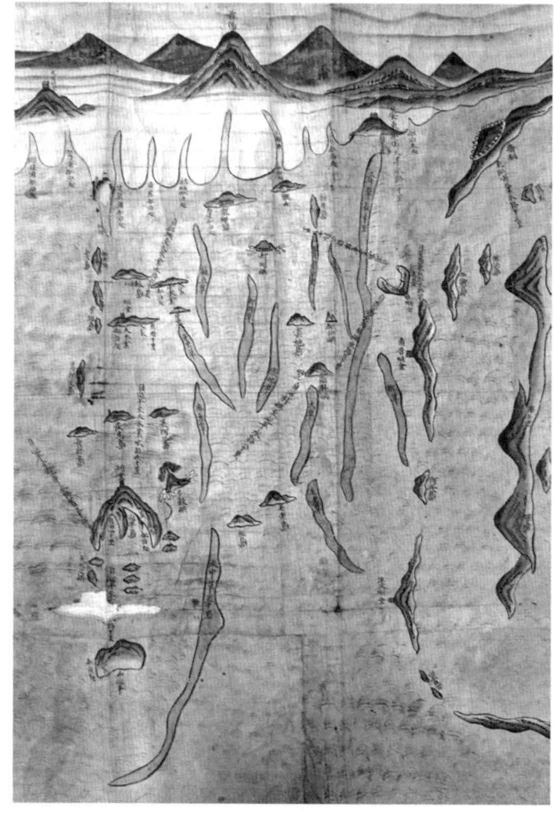

내가 좋아하는 김광석의 노래 「나무」의 한 대목이다. 잘 알려진 곡은 아니지만 이 가사 구절이 항상 마음을 먹먹하게 한다. 누구에게 감사받을 생각 없이 나의 길을 가겠다는 말. 수많은 고지도 제작자들도 그러했으리라.

지도 한 장을 제작하는 데에는 1년에 가까운 시간이 걸리기도 한다. 우리가 채 몇 분도 보지 않을지 모르는 이 지명과 지형의 총화를 말없이 만들어 간 이들이 있었다. 신경준도 그중 한 사람이었다. 얼마나 오랜 시간이 걸려야 3미터에 가까운 상세한 해안 지도를 손으로 그려 낼 수 있었을까. 그들이 당대에 부귀영화와 인정을 원했다면 이런 일은 아예 안중에도 없었을지 모른다. 그들의 헤아릴 길 없는 마음에 그저 감사할 따름이다. 내가 연구하는 고지도에 사람들이 크게 관심이 없다 해도 그 예전 이들을 알리고 증거하기 위해서 한 줄이라도 더 많은 기록을 남기고 싶어진다.

영화 〈투모로우〉(2004)는 지구에 급격한 빙하기가 찾아옴에 따라 삶을 찾아가는 다양한 인간 군상의 모습을 그린 영화이다. 이 영화에서 주인공 일행은 추위를 피하기 위해 뉴욕시립도서관의 고문서실에 들어가 책을 태워 불을 쬐기 시작한다. 그런데 도서관 사서가 책 한 권을 껴안고 이 책만은 안 된다며 저항하는 장면이 있다.

> "이 책은 구텐베르크가 처음으로 인쇄한 42행 성경이야."
>
> "당신은 신이 우리를 구해 줄 거라 생각하나요?"
>
> "아니, 난 종교 같은 건 없어. 이 책으로 이성의 시대가 열리게 되었던

거야. 인류가 사라지더라도 나는 이 책 하나를 지키겠어."

아무도 알아주지 않지만 문명의 기억을 증거하고 지키기 위한 노력, 비단 영화 속 사서만은 아닐 것이다. 그 길을 미숙하고 느리지만 오늘도 걸어갈 뿐이다.

억울함을 벗은 김정호와 〈대동여지도〉 목판

왜곡된 역사의 희생자

학생 시절 받게 되는 기초교육은 한 사람의 가치관을 결정짓는 계기가 된다는 생각이 새삼 든다. 어른이 되어도 기본적인 사고와 가치관의 대부분은 오래전 교과서에서 배웠던 어린 시절의 기억을 바탕으로 이루어지기 때문이다. 나 역시 마찬가지다.

초중등학교 어느 무렵인가, 김정호와 〈대동여지도〉에 대해 배우면서 그 슬픈 이야기를 반복해서 듣게 되었다. 세상에 뛰어난 지도 제작자가 있었지만 조선의 권력자들은 그 재주를 알아주지 않았고, 오히려 그를 감옥에 가두었으며 목판을 불태웠다는 이야기. 놀랍게도 이러한 이야기가 백 년 가까이 진실이라고 전해져 왔는데, 어떤 근거로 이런 이야기가 생겼는지 아무도 알지 못했다. 그래서 학자들은 김정

57. 『조선어독본』 표지. 조선총독부에서 제작하여 일제강점기 때 교과서로 사용되었다.

호의 비극적인 최후에 대한 이야기가 어디에서 비롯되었는지 확인하기 시작했는데, 최초의 글은 바로 일제가 제작한 교과서인 『조선어독본』에 수록되어 있었다.(도판 57) 이 책에서 김정호에 대한 이야기는 다음과 같이 마무리된다.

그리하여, 다시 십여 년의 세월을 걸려서, 이것도 완성하였으므로, 비로소 인쇄하여, 몇 벌은 친한 친구에게 나누어 주고, 한 벌은 자기가 간수하여 두었었다.

(중략)

그러나, 대원군大院君은 다 아는 바와 같이, 배외심排外心이 강한 어른이시라, 이것을 보시고 크게 노怒하사 "함부로 이런 것을 만들어서, 나라의 비밀이 다른 나라에 누설되면, 큰일이 아니냐." 하시고, 그 지도판地圖版을 압수하시는 동시에, 곧 정호正浩 부녀父女를 잡아 옥에 가두셨더니, 부녀는 그 후 얼마 아니 가서, 옥중의 고생을 견디지 못하였는지, 통탄痛嘆을 품은 채, 전후前後하여 사라지고 말았다.

아아, 비통悲痛한지고, 때를 만나지 못한 정호……, 그 신고辛苦와 공로功勞의 큼에 반하여, 생전의 보수報酬가 그같이 참혹할 것인가.

— 조선총독부 편찬, 『조선어독본』(1934) 중에서

평생을 걸쳐 만들어 낸 〈대동여지도〉(도판 58과 59)의 가치를 몰라주는 조선 조정과 대원군, 그리고 나라를 팔아먹으려 한다는 모함을 받은 채 원통하게 죽어 간 위대한 지식인의 모습. 참으로 드라마틱한 구성이 아닐 수 없다. 마치 한 편의 잘 짜인 영화를 보는 듯하다.

안타까운 사실은 1990년대까지도 어떤 비판적 분석 없이 이 이야기가 학생들의 교과서에 수록되었다는 점이다. 그래서 지금도 중장년층에게 김정호는 조선 정부의 무지에 의해 희생된 인물로 기억되는 경우가 많다. 옥사獄死 설이 부정되었고 관련 자료가 나오고 있으나, 새로운 연구 성과가 어린 시절 학습된 기억을 상쇄하기에는 역부족인 것이다. 그러던 차에 1995년, 국립중앙박물관 수장고에서 〈대동여지도〉의 목판이 발견되는 일대 사건이 일어났다.

남겨진 11장의 목판이 말하는 진실

국립중앙박물관에 소장된 고지도를 조사하던 학자들은 1995년 수장고에서 11장의 목판을 확인했다.(도판 59의 아래) 목판에는 책을 찍기 위해 글자가 빼곡히 채워져 있는 것이 일반적이었으나, 이 나무판에는 지도로 추정되는 기호와 지명, 산줄기가 그려져 있었다. 목판 가운데 한 면에는 큰 글씨로 '대동여지도大東輿地圖'라는 제목이 새겨져 있었는데, 그 자료를 보면서도 최초 발견자들은 반신반의했다고 한다. 모두들 〈대동여지도〉의 목판이 불태워졌다고 어릴 적부터

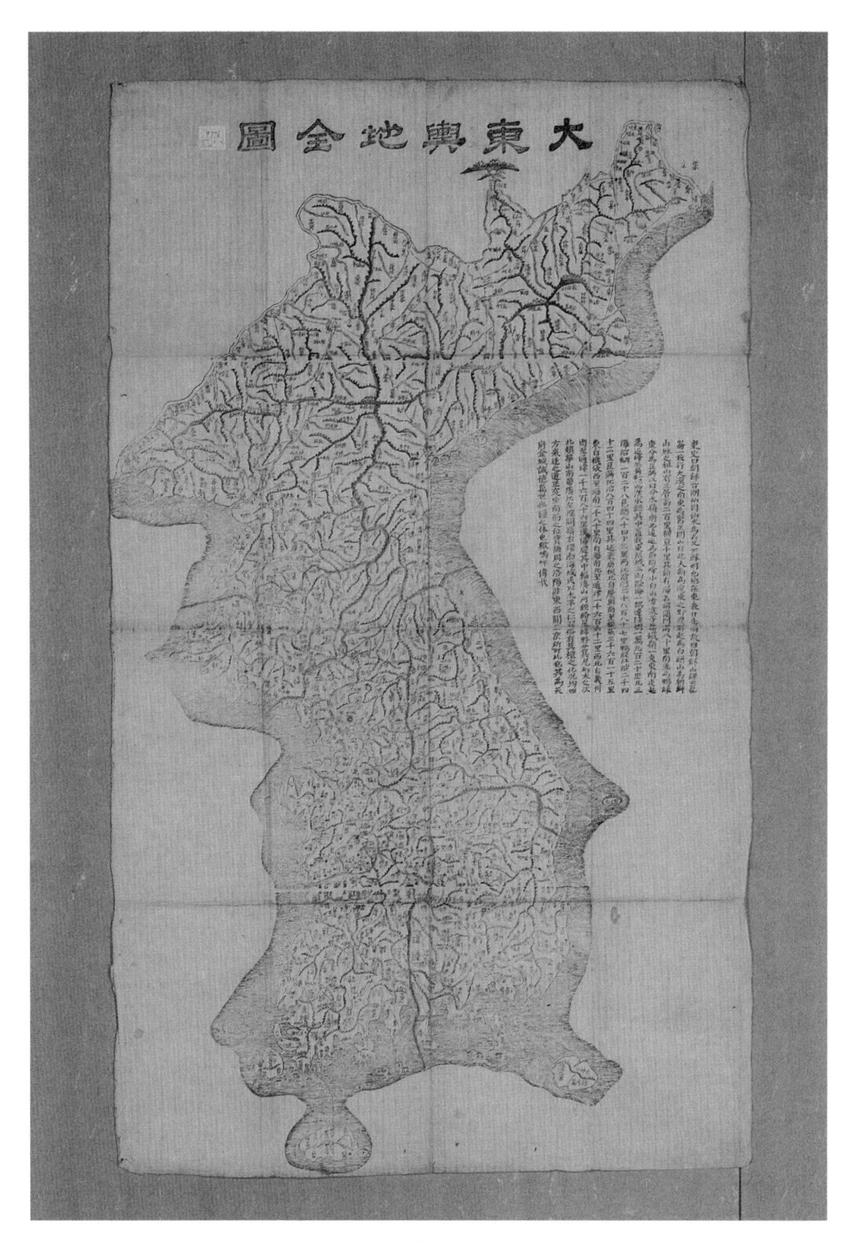

58. 〈대동여지전도〉. 1861~1866년경. 국립중앙도서관 소장.

〈대동여지도〉를 약 1미터 크기로 축소하여 제작한 목판본 전국 지도이다. 축소된 만큼 전국 군현과 도로망 등 간략한 정보가 수록되어 있다. 학계에는 여전히 제작자에 대한 여러 설이 존재하나, 제작 기법과 형태 등을 볼 때 김정호가 제작한 것으로 추정하고 있다. 백두산에서 시작되는 산줄기와 그 사이를 지나는 물줄기가 강조되어 있는 게 특징이다.

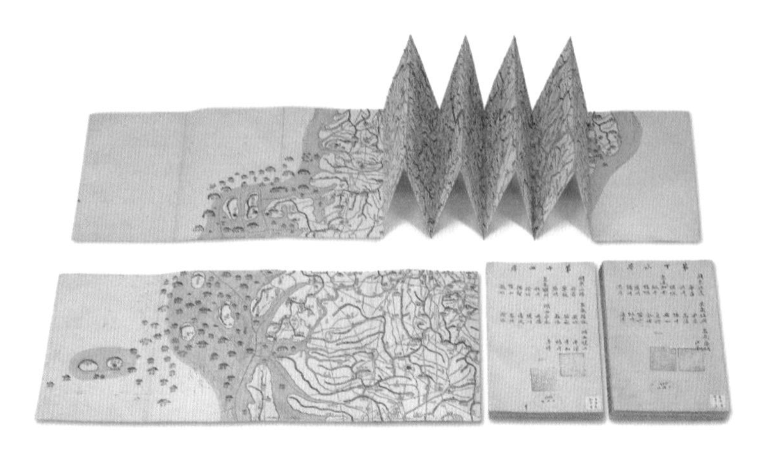

59. 절첩 형태로 접을 수 있게 제작된 〈대동여지도〉(위)와 〈대동여지도〉의 목판(아래).

학습받아 왔기에, 실물이 눈앞에 있어도 현실을 받아들이기 어려웠던 것이다. 따라서 일부에서는 이 목판이 후대에 복제된 것이 아닌가 하는 의구심을 가지기도 했다.

하지만 연구를 거듭하면서 이러한 주장은 점차 힘을 잃어 갔다. 이 목판이 원본이라는 증거가 계속해서 발견되었기 때문이다. 비록 〈대동여지도〉를 만들 당시의 목판 일부만이 남아 있었지만, 그 안에 담긴 김정호의 모습은 사람들에게 큰 울림을 주는 점들이 있었다. 일단 목판의 두께가 너무도 얇았다. 일반적으로 목판은 오랜 세월 찍어 내기 위해 두꺼운 판목을 사용하지만, 김정호는 얇은 피나무 판을 사용하여 앞뒤로 빼곡히 지도를 새겼다. 그리고 남은 여백에는 또 다른 지역을 새겨서 이중 삼중으로 판을 이용했는데, 이러한 점을 통해 김정호가 경제적으로 넉넉지 않았음을 알 수 있었다. 그는 최소의 비용으로 최대의 면적을 담은 목판을 제작하고자 했던 것이다. 또 일부 지역에서는 이전 버전과는 달리 수정된 지명 등이 발견되었는데, 만일 이 목판이 후대 사람의 복제본이라면 이런 부분이 있을 까닭이 없었다.

그 이전까지 숭실대에 한 장의 목판이 남아 있었으나 이렇게 대량으로 〈대동여지도〉의 목판이 나오면서 우리는 모든 것을 처음부터 다시 고민해야 했다. 과연 우리가 믿고 있던 사실은 어디부터 진실이고 어디까지가 허구였단 말인가? 그리고 일제는 왜 의도적으로 그러한 사실을 날조했던 것일까? 여러 생각에 마음이 착잡해진다.

남겨진 사람들의 몫

김정호는 우리에게 너무나도 익숙한 이름이다. 하지만 그에 대한 사료가 너무도 부족하기 때문에, 그가 어떠한 삶을 살았고 무슨 생각을 했는지 거의 알지 못한다. 다만 그가 남겨 놓은 지도와 지리지를 통해 간접적으로나마 위대한 지도학자에 대해 추측해 볼 뿐이다.

〈대동여지도〉 목판이 발견된 지 20여 년이 지났다. 이제는 김정호가 백두산을 여러 차례 올랐다는 것도, 목판이 불태워지고 감옥에서 죽었다는 것도 거짓이라는 것이 차츰 상식으로 자리 잡고, 조금씩 진실에 다가가고 있다.

일제의 부당한 왜곡을 딛고 역사를 바로 세우는 것은 남겨진 사람들의 몫일 것이다. 그에 대한 자료가 너무 없다고 한탄할 필요도 없다. 그가 그린 지도 한 장, 목판에 새겨진 칼자국 하나가 그에 대해 증거하고 있기 때문이다. 〈대동여지도〉의 서문에 해당하는 「지도유설地圖類說」의 말미에는 〈대동여지도〉에 대한 김정호의 바람이 다음과 같이 담겨 있다. 사람과 우리 땅을 진심으로 사랑한 인문학자의 고귀한 글귀에서 학문의 진정한 목적이 어디에 있어야 하는지 다시 한번 자문하게 된다.

> 세상이 어지러우면 이 지도를 이용해 쳐들어오는 적을 막고 악한 무리를 없애도록 할 것이며, 평화로운 시절에는 이 지도를 가지고 나라를 다스리며 백성을 보살피는 데에 보탬이 되도록 하라.
>
> — 김정호, 〈대동여지도〉의 「지도유설」 중에서

부록 — 우리 고지도에 관한 저자의 추천 정보

추천하는 책

한영우 · 안휘준 · 배우성 지음, 『우리 옛지도와 그 아름다움』, 효형출판, 1999.
미술사와 고지도 연구자들이 함께 쓴 책이다. 우리나라 옛 지도에 대한 예술적 아름다움과 지도학적인 중요성에 대해 다루었다. 연구자가 아닌 일반인들에게도 일독을 권하는 책으로, 곳곳의 문장에서 고지도에 대한 저자들의 애정이 따스하게 다가온다.

오상학 지음, 『한국 전통 지리학사』(한국의 과학과 문명 002), 들녘, 2015.
고지도 연구자인 제주대학교 오상학 교수가 한국의 전통 지리학을 망라하여 정리한 개론서이다. 일반인이 읽기에는 분량이 두껍고 조금 어려운 부분도 있겠지만, 한국의 지리지와 고지도의 역사에 대해 현재까지 이처럼 체계적이고 짜임새 있게 정리된 책은 없지 않을까 생각한다. 고지도에 관심이 생긴 분들에게 일독을 권한다.

도편 최선웅, 해설 민병준, 『해설 대동여지도』, 진선출판사, 2017.
평생 지도 제작에 매진해 온 최선웅 선생은 고지도와 지도 제작에 대한 다양한 칼럼과 논문을 집필한 바 있다. 이 책은 기존에 나온 〈대동여지도〉 영인본과는 다르게, 〈대동여지도〉를 한글화하고 페이지마다 주요 지역에 대한 특징과 설명을 수록했다. 나는 이 책을 자동차 뒷좌석에 두고 여행 갈 때마다 꺼내 보곤 한다.

국립중앙박물관 편, 『지도예찬』, 국립중앙박물관, 2018.
2018년 국립중앙박물관에서 개최된 「지도예찬—조선지도 500년, 공간 · 시간 · 인간의 이야기」 특별전 전시 도록이다. 이 책을 추천하는 이유는, 내가 아는 한에선 이제까지, 그리고 이 전시 이후로 다양한 곳에 소장된 지도가 이렇게 한꺼번에 전시될 일이 없을 것이기 때문이다. 나는 이 전시를 보고 나서 다음 날 아침에 다시 한 번 보러 갔다. 도록은 고지도 개론서로 충분히 활용될 수 있을 만큼 시대, 주제별로 주요 지도가 수록되어 있다. 한 권쯤 가지고 있다면 당신은 이미 고지도의 매력에 한 발자국을 들인 셈이다.

서울대학교 규장각 한국학연구원 원문 검색 서비스

서울대학교 규장각 한국학연구원은 국내에서 가장 많은 고지도를 소장하고 있는 기관이다. 이 사이트에는 고지도 항목이 별도로 있어 규장각에 가지 않더라도 고해상도 이미지로 자료를 확인할 수 있다.

서울대학교 규장각 한국학연구원 지리지 종합정보

서울대학교 규장각 한국학연구원은 고지도뿐만 아니라 방대한 분량의 조선시대 지리지도 소장하고 있다. 현재 시대별, 지역별로 지리지를 구별하여 데이터를 구축해 놓았으며, 원문 열람과 텍스트 검색이 가능하다. 조선시대 역사 연구에 빠져서는 안 되는 사료인 지리지를 직접 검색해 볼 수 있는 소중한 공간이다.

한국학자료포털 고지도 검색(김정호의 동여도)

조선시대 전국 지도 가운데 가장 상세한 지도는 김정호의 〈동여도〉를 들 수 있다. 개별 군현 단위로 제작된 지역별 지도가 이보다 상세하긴 하지만, 전국을 한 번에 아우르는 것으로는 〈동여도〉만 한 것이 없다. 조선시대를 연구하는 역사학자들에게도 〈청구도〉 또는 〈동여도〉를 추천하는데, 특히 김정호의 가장 완성된 지도 형태의 최종본이라 할 수 있는 〈동여도〉를 추천한다. 이 사이트에서는 한국 고문헌을 권역별로 수집하는 업무를 진행함과 동시에, 옛 문헌의 참고 자료를 위해 서울역사박물관에 소장된 〈동여도〉를 고해상도로 검색 가능하도록 서비스를 하고 있다. 대형 고지도의 웅장함과 디테일을 확대, 축소를 통해 직접 경험해 볼 수 있는 좋은 자료이다.

국립중앙박물관 e뮤지엄

이뮤지엄은 전국 박물관의 연합 데이터베이스라고 할 수 있다. 한 번의 키워드 검색으로 사진과 유물 설명을 통해 어느 기관에 어떠한 유물이 있는지 확인이 가능하다. 고지도 자료가 규장각, 장서각, 국립중앙도서관 등에만 있을 거라는 생각과는 달리 박물관에도 수많은 고지도가 소장되어 있다. 한국의 다양한 고지도가 어느 박물관에 있는지 찾아보는 재미에 빠지다 보면 자신만의 고지도 전시회를 기획하게 될지 모르겠다.